史紅
黃家銘 著

管理做減法
績效才加分！

聰明人都在用的
極簡管理法

孫子兵法×槓鈴模式×輪迴法則……

破解用人盲點，打造頂尖團隊，超級管理術，讓人才為你發光

當老闆，不是當保母！

少點規則、多點信任
打造頂尖團隊，讓管理輕鬆又高效　　　員工更主動，企業更成功！

目 錄

| 前言 | 005 |

| 第一章　知人善任，打破框架 | 007 |

| 第二章　傳統管理以及管理失誤 | 057 |

| 第三章　簡單管理需要的智慧 | 085 |

| 第四章　管理就是這麼簡單 | 127 |

| 第五章　簡單管理，打造一流品牌 | 165 |

| 第六章　簡單管理，創新和執行 | 191 |

| 第七章　槓鈴模式 | 255 |

| 第八章　簡單管理，平衡策略 | 289 |

目錄

前言

什麼是管理？

管理是要以有效的方法達到目的的具體行為。這就必然要求在實踐中設計一種行得通的解決辦法。

管理的核心是「人」時，建立分工合作的、融洽的人際關係是其重點；管理的對象是「事」時，充分利用各種資源以滿足人類物質和精神需求的「事」；管理的目的是以最高的效率達成目標。

簡單管理應該是現代企業管理的特點之一，這一點已經是大多數管理專家、學者、企業家所共識的事實。為什麼這麼說呢？眾所周知，現代社會充滿著機遇與挑戰，這些都會為參與其中競爭的人帶來全方位的壓力。我們成就任何一種事業，不僅要追求最後的結果，同時也要享受其中的奮鬥過程。因此，凡事做得簡單一點反而會收到好的效果，對於企業的管理者來說接受這樣的觀點顯得尤為重要。儘管有些人不贊成，但在現實生活中，特別是企業管理的過程中，簡單管理已經發揮出它應有的價值。

簡單並不意味著事前缺乏周到、詳細的思考，相反，事前就過程及結果進行縝密的考慮，事後進行總結與分析，在此基礎上形成做事的標準，避免今後遇到同樣的工作再犯百密一疏的錯。工作強調要有針對性，避免無目的的「亂來」，直接針對已設定的重點工作直接去做。這裡提到的兩個「直接」實際上就是簡單管理的具體執行形式。當然，這些都是在和客戶的溝通中關於簡單管理的探討，更深入的內容還是需要在實

前言

踐中體會和挖掘的。管理本來很簡單，在生產現場採用簡單式管理的思想進行思考問題和解決問題並制定相應的方式和方法，我們要相信永遠沒有做不到的事，只有想不到的事，只要想得到，就一定能做得到。在公司內部營造一種寬鬆愉悅的工作氛圍和環境：獎勵價值創造，任何對改善有幫助的人和事都是公司所歡迎的；讓每一個員工都變成現任職位上最優秀的；在公司內部掀起一種學習和創造的熱潮，定期對公司員工進行有針對性的培訓；不斷提高他們分析問題、解決問題的能力和水準。只有身處第一線的員工才最了解事情的真實情況，要充分發揮一線主管及員工的工作熱情和潛能，進一步提高中高層管理人員整體協調和控制的能力和水準，從公司目標點出發，制定正確的工作方案，並在實施過程中不斷完善、改進、總結、提高。透過現場的改善，讓工作環境變得整潔亮麗起來，讓所有員工都能在非常寬鬆的環境下進行工作，最大程度地提高工作的積極性和創造性。

編者

第一章

知人善任，打破框架

　　主管的本職在於，辨人識性，量才用人。自己的大事就是讓他人去做事，而且是讓可靠可信的他人去做。「用人須打破條條框框，唯能力是重」，「論資排輩」不足取，「學歷至上」也同樣應該被摒棄。因事而選人，選人觀其長，這是非常重要的。知人善任是管理者必備的素養，也是一般對主管、上級的要求。普通人需要別人對自己的信任，所以必須善待別人。

　　管理者要重視對人的「信任」，不要相信常言所說的：「疑人不用，用人不疑。」而應力求「疑人也用，用人也疑」。開明的管理者，有一套比較完整的用人準則和謀略，但其精髓無非是恩威並施。

第一章　知人善任，打破框架

知人善任是管理者必備的素養

老子告訴我們「知人者智，自知者明」。「智和明」要求我們要了解別人、更要了解自己，「明」就是要做明白人、精明人、高明人。

要想發現人才、用好人才，就要求管理者提升對自己的認知，了解、認識自己，讓自己成為一個「明」人，才能帶著明智的眼光去識人。

鑑別人才，知人善任

知人善任是管理者必備的素養。管理者應以每個員工的專長作為思考的出發點，安排適當的位置，並依照員工的優缺點，做靈活的調整，以發揮其最大的效能。

輔佐春秋五霸霸王齊桓公的管仲，年老體衰，不能處理政事，在家裡休養。有一天齊桓公來拜望他說：「萬一您去世了，國家的政治應該怎麼辦呢？」

「我已經很老，不太理政事了。俗話說『知臣莫若君，知子莫若父』，大王就自己做決定好了。」

「您不要這麼說，讓寡人聽聽你的意見吧！你的好朋友鮑叔牙怎麼樣？」

「所謂親友是私情，政治是公事。就公事而言，他不適合當宰相，因為他為人剛直傲慢，很像一匹難以馴服的野馬。剛直會用暴力統治人民，傲慢則不能得到民心，強悍對下人發生不了作用，鮑叔牙不適合作

霸主的輔佐。」

「那麼，您看豎刁如何？」

「他也不行。就以人之常情來說，沒有一個人不愛自己，但是他因為君主好色的弱點，閹了自己，避免君主懷疑，這個人連自己都不愛，怎麼會敬愛君主呢？」

「那麼衛公子開方如何？」

「不可以。齊和衛之間只有10天的路程，為了博得君主歡心，15年之間他勤奮工作，不曾休息一天，也沒有返家探視雙親的健康。他連自己的父母都不保護，怎麼會保護君主呢？」

「易牙這個人如何？」

「不好，這個人喜歡巴結奉承。一聽到君主喜歡山珍海味，馬上就把自己的孩子蒸了獻給君主吃，連自己的孩子都不疼愛，又怎麼會愛君主呢？」

「那麼到底誰才是最佳人選呢？」

「就用隰朋好了，我保證他可以做得很好。」

齊桓公當時也覺得很有道理，點頭稱是。但是管仲去世以後，齊桓公並沒有用隰朋當宰相，反而採用豎刁。3年以後，齊桓公南下狩獵，豎刁起而叛亂，殺死齊桓公。掌握天下霸業的齊桓公，就因為不聽管仲的話而死於非命，大好江山拱手讓人。

知人善任是管理者必備的素養，也是對當主管、當上級之人的必然要求。

一次宴會上，唐太宗對王珪說：「你善於鑑別人才，且善於評論。不妨從房玄齡等人開始，一一做些評論，評一下他們的優缺點，同時和他

第一章　知人善任，打破框架

們互相比較一下，你在哪些方面比他們優秀？」

王珪回答說：「孜孜不倦地辦公，一心為國操勞，凡所知道的事沒有不盡心盡力去做，在這方面我比不上房玄齡；常常留心於向皇上直言建議，這方面我比不上魏徵；文武雙全，既可以在外帶兵打仗做將軍，又可以擔任宰相，在這方面我比不上李靖；向皇上報告國家公務，詳細明瞭，宣布皇上的命令或者轉呈下屬官員的彙報並能堅持做到公平公正，在這方面我不如溫彥博；處理繁重的事務解決難題，辦事井然有序，這方面我也比不上戴胄；但是在批判貪官汙吏，表揚清正廉潔，嫉惡如仇，好善喜樂這些方面，相較於上面這幾位能人來說，我也還算是有一技之長。」唐太宗非常贊同他的話，而大臣們也認為王珪完全道出他們的心聲，都說這些評論是正確的。

唐太宗能將這些人依其所專長運用到最適當的職位，使其能夠發揮自己所長，進而讓整個國家繁榮昌盛，才有了「貞觀之治」的大唐盛世。

辨人識性，量才用人

見面之初，人大多以「印象識人」。但是人多有言辭枉曲，言過其實，言行不一等情形，也有激憤、怨恨之言；所以辨人本性，須先聽其言、辨其音，察其色、貌、舉止。

言辭枉曲者，工於心計。

言過其實者，執行任務不利，如馬謖之流。

言行不一者不可用作親信。

言中有怨恨之意，多是懷才不遇之奇人。

發言洪亮，其志必然宏大。

音低沉而緩慢，此人心中懷有城府。

音低微或斷裂，屬謹慎過度，自卑有餘。

以眼斜視於人，其人心術多是不正。

顴骨方正，其人必毅力超群，能咬牙行事。

與人微笑，內中不笑，且言辭反覆者，大多薄於友情，待人處事不擇手段。

如有人欲言又止，其人必然心事重重。

如有人似言非言，此人心有權欲之氣；說話模稜兩可者，做事留有餘地。

輕諾者多是寡信人，吹牛者多是空腹人；語言之間將別人放到你死我活的境地，多是我活你死之人。

觀人還須觀其眼神，眼中混濁者可能為不義之財奔忙；眼中有神者辦事俐落；眼中無神，形體萎靡者可能負有鉅債，或已勞累不堪；眼珠轉動不已，其心中多有鬼胎；眼睛眨動不已，其人心懷巧計；眼珠朝上，不是奸詐者必是傲慢者。

一個人所說的話，有時全是他所想的，有時全是他所「說」的，要「翻譯」成真話才能聽。

一個人的所說符合其行，其人可用，要用也得一次次地用。

行事果斷，說話俐落，可讓他執行任務；老謀深算，精於策劃，可讓他身處帷幄，出謀劃策；善於外交，可讓他介入爭訟事件，解決糾紛；性情溫和喜歡獨處者，不可讓他出外交往，內務可矣。

不守小信者，不能託之以大事；偶爾守信者，限一處罰辦法後託之以事；經常不守信用者，乾脆不要任用。

第一章　知人善任，打破框架

辨人識性，量才用人，這是管理者不可缺失的本職工作之一；讓別人去做事，讓可靠可信的人去做，這是管理者最大、最重要的事情。

量才而用，不可忽略被用之人的弱點

在競爭日益激烈的時代，有的用人者求才心切，發現某人有一技之長，「撿到籃子裡的就是菜」，不問其他，委以重任。殊不知，有些人雖然學有所長，但由於自身的某一方面存在致命的弱點，有朝一日說不定會因此壞了大事。所以，對有些人應量才而用，萬萬不可忽略其弱點。下列幾種人是不可重用的：

一、投機取巧，左右搖擺的人不能重用

這類人善於察言觀色，把自己作為商品，在工作中討價還價。利用應徵於別家企業，而對目前僱用他的公司施以壓力，以使現公司的主管給他晉升或加薪的機會。他們妄圖利用「被別家企業錄用」這種名義，來加速他們在原公司的發展。這種詭計通常都能得逞，特別是當別家企業恰是這種投機者受僱公司的競爭者時。

二、內心險詐，自命不凡的人不能重用

這種人巧言令色卻嫉賢妒能，凡其所舉薦之人，皆只言其優點，而不談其缺點，凡其所排擠之人，皆只言講他的壞處而不談他的好處，致使上司賞罰不當，號令不通。他們根本無法容忍一切超過他們才能之人的所有舉止、想法，誰都看不起，覺得世上唯有自己最有能耐。

三、權力欲極強，結黨營私的人不能重用

　　這種人渾身上下都散發著「野心」所特有的「氣味」，時時刻刻不忘在他人面前顯示自己的能力，只有野心，沒有道義。任何人、任何事只要阻礙他們的野心和權欲，都會暴跳如雷，這種人的本性是極其自私的。

四、說話辦事只求平穩，沒有創造力和開拓精神的人不能重用

　　這種人缺乏幹勁和創造力，在事業上不求有功，但求無過，為人處世信奉「誰也不得罪」的哲學。這種人的最大缺點是沒有幹勁，只想謀一個舒適的職位而已。

五、愛慕虛榮者不可重用

　　虛榮型的人渴望自己是富人和名人的知己。這種人只要一有機會，就會滔滔不絕地向別人訴說他與某些有名望的人常有往來。實際上，他那所謂的名人朋友可能根本不認識他；或者認識，也只知道他是個「吹牛大王」而已。這種人沒什麼真本事，只會誇誇其談，信口開河。

六、死板僵硬，墨守成規。不善交際者不可重用

　　商務接洽、迎來送往需要善於交際的人，過於刻板，只能讓被接待者尷尬、彆扭，善於交際的人更具有親和力，更利於執行業務。

第一章　知人善任，打破框架

特殊的事交給可靠之人去辦

知人善任絕非不管什麼事，委託一個能幹的下屬去辦就行那樣簡單。各種事情，這裡還有一個一般和特殊、輕與重、公與私的區別。那麼，什麼是特殊的事？特殊的事為什麼要交給可靠之人去辦？其實任何事情，它的特殊與一般都是相對的。之所以稱之為「特殊」，那是指事情與人的利害關係。如果這件事，我把它交給任何人辦都可以，那就不是我們這裡所說的特殊。如果某件事必須由我自己親自去辦或者只能委託給最親近的人去辦，這種事不管大小，都是我們這裡所說的特殊事情。這些特殊事情主要有：

一、簽約

這種事是關係到公司重大利益的大事，絕不能隨意委託人辦理。這裡要考慮幾個因素：首先，要選擇有一定身分的下屬，因為他是代表公司，並直接代表（代理）主管辦理簽約事宜的，如果你委託一個身分過低的人去，對方會認為你對事不慎重，或認為你根本沒有誠心，很可能把事情辦糟；其次，你所委託的人要有一定的形象，如果你的代表是個邋遢的、讓人看了很不舒服的人，對方肯定也認為你是個很無能的主管，他們會欺你沒有人才，壓制你，看不起你，最終吃虧的還是你；再次，你所委託的人要具備一定的專業知識。合約是現代經濟交往中確定雙方權利義務關係的法律依據，如果你所委託的人沒有一定的法律知識和與合約內容相關的專業知識，在簽約過程中，就會被對方所愚弄，從而導致經濟損失。最後，你所委託的簽約人必須是你信得過的人，這是一個十分重要的條件。就簽約這件事情而言，具備以上諸方面條件的人，才是你應該託付的「可靠之人」。

二、送禮

這是現今社會聯繫感情必不可少的一項重要工作。許多人可能都送過禮，但他們不會想到，主管也會送禮，甚至公司也需要送禮，可以說，不送禮，大多數事都辦不成。那麼，送禮這種事，派什麼樣的下屬去辦才合適呢？這裡面有些需要特別注意。

一是公司之間禮尚往來的祝賀式公禮。這種「禮」是禮節性的，是一種友好的表示，沒有什麼特別的意義，所以，只託一般的下屬去辦即可。

二是公司向員工送禮，這是在年終歲末，對一些即將退休的職員、勞動模範進行慰問式送禮，這種禮最好是主管自己親自送，如果必要則應委託工會、公關等部門的下屬去辦理。

三是向上級主管送禮，這是最最重要的一種禮，這種禮如果你只是一個基層的小主管，只好由你自己去送，如果你是一個很有名氣的私企大領導者，則必須由你的親信帶上你的親筆書信去辦。如果你是一個企業的部門主管，你絕不能與你的下屬或同僚一同送禮。因為每一份禮都有一份特殊的含義，在這種情況下，你只能委託你一手提拔起來、信得過的下屬幫你辦理。

要善於使用年輕人

企業僱傭人員，很重要的一條是要寫明年齡界限。許多企業領導者對年輕人都採取敬而遠之的態度。

但是，不喜歡年輕人，不想充分發揮年輕人的作用，對一個企業來說，並不是什麼好事，人有非常敏銳的感覺，他們能迅速接受新知識、

第一章　知人善任，打破框架

新技術，具有很大的潛能，往往是企業保持活力的中堅分子。年輕人過少，就會使企業氣氛過於沉悶，趨於沒落。

為了充分發揮年輕人的作用，企業領導者應當投入年輕人的圈子，融入他們的思想、行動之中，積極管理、放心使用年輕人。

首先，領導者應當懂得尊重年輕人。一方面，年輕人一般都帶來了新的知識和技術，有的雖然一時用不上，但也不能棄而不用。領導者要動腦筋來考慮年輕人的特長，為他安排適當的工作職位，發揮他們的才能。另一方面，年輕人天生具有不承認權威的傾向，如果領導者不主動接觸他們，則上下難以溝通，以致產生隔閡。

其次，領導者應盡量多採取年輕人的意見、觀點，不能隨便加以排斥。對他們提出的意見、建議，要挑選有用的、合理的加以採納，並給予相應的獎勵。

用人須打破條條框框，唯能力是舉

用人需打破條條框框，唯能力是重。「論資排輩」不足取，「學歷至上」也同樣應該被摒棄。老子為我們總結九大素養、也是九大手段來指導對人才的選用：遠使之，而觀其忠；近使之，而觀其敬；煩使之，而觀其能；卒然問焉，而觀其知；急與之期，而觀其信；委之以財，而觀其仁；告之以危，而觀其節；醉之以酒，而觀其則；雜之以處，而觀其色。

唯能力是重

「貞觀盛世」的締造者唐太宗在用人之道上有著很多獨到之處，其中最值得稱道的一點就是「唯能力是重」，不計出身、不計門第的一種用人觀。他的用人之道總結起來主要有以下幾點：

一、廣泛吸收人才

在李世民的智囊團中，大部分都是敵對集團的人。他吸收原隸屬李密、王世充、竇建德集團中的不少傑出人物，吸收瓦崗軍中的徐世勣、秦叔寶、程咬金等人，在攻破劉武周時招納了尉遲敬德，在攻破竇建德時招納了張玄素，在消滅李建成後重用魏徵。「敵將可赦，敵者先封」的用人謀略在李世民那裡無疑是運用得最成功的。

李世民用人還能打破地區和派系觀念。有人曾向他建議：「秦王府的兵，追隨皇上多年，應該提升武職，作為自己的親信。」李世民回答說：

第一章　知人善任，打破框架

「我以天下為家，唯賢是用，難道除了舊兵之外，就沒有可信任的嗎？」此外，對於少數民族，李世民也待之如友，只要有才能就委以要職。如史大奈、阿史那杜爾、執失思力等都當了將軍。

這一點，元太祖成吉思汗與唐太宗有得一拼，他在用人上也是不分地位高低，完全打破舊貴族用人的狹隘界限，不分民族和等級，只要忠心跟他打天下，且有才有德，就會大膽破格授任；只要有戰功、才能和某方面特長，就可以晉升。也因此，在他身邊聚集了如氏族奴隸身分出身的木華黎、者勒蔑等一大批能人。據《蒙古祕史》記載，在成吉思汗麾下的4員大將和4個先鋒中，有7人均為奴隸出身。

二、用人不避親仇

李世民用人不計私人恩怨。魏徵、王珪和薛萬徹等，原是李建成的得力部屬，魏徵曾充當李建成的謀士，參與反對李世民的鬥爭。但玄武門事件李建成被殺之後，李世民都予以重用。長孫無忌曾向李世民提出此事，但李世民說：「過去他們是盡心做自己的事，所以我要用他們。」李世民用人的原則是：「為官擇人，唯才是與，苟或不才，雖親不用……如其有才，雖仇不棄。」李世民言行一致，身體力行。比如，李世民的堂叔父淮安王李神通，認為自己的官位低於房玄齡、長孫無忌而十分不滿，大發牢騷。李世民說，評功提官應該是「計勳行賞」，對皇親國戚也「不可緣私濫與勳臣同賞」。然後，他對叔父擺出房、長孫二人的功勞和才能，指出叔父帶兵無能和臨陣脫逃的情況，李神通心服口服，情願做個閒官。又如，貞觀十七年（西元643年），唐太宗的外甥趙節犯了死罪，李世民得知後下詔將趙節處以死刑，同時還將曾為趙節開脫的宰相楊師道（唐太宗的姐夫）降為吏部尚書，真正做到了「賞賜不避仇敵，刑罰不庇親戚」。

三、不拘一格，唯才是用

李世民用人，不計較出身和經歷，只要有才，一律加以重用。他在總結自己的成功經驗時說：「自古帝王都怕別人比自己強，而我看到別人的長處就像自己的一樣；人的才能不能兼備，我棄其短，取其所長；當君王的常常想將賢者占為己有，對不肖者欲置之溝壑，而我則對賢者敬重，對不肖者關心，使他們各得其所；當君王的多不喜歡正直的人，甚至對他們暗誅明殺，而我則重用大批正直之士，沒有責罰過他們；自古都以中華為貴，以夷為賤，而我則同等看待他們。這五項，是我取得成功的原因。」一次，他令文武大臣寫書面材料評論朝政。他發現中郎將常何提出的 20 多條意見，言皆中肯，文有條理。經了解，原來是常何的一位孤貧落魄的門客馬周代筆所寫。李世民立即召見馬周，和他交談，認為他有才能，又勇於直言，就提拔他到朝廷任官職。常何則因發現人才有功，賜帛 300 匹。後來，馬周果然正直穩重機敏，勇於諫諍，而官至宰相。還有一次，李世民聽說景州錄事參軍張玄素有才，就親自召見，問以治國之道，玄素對答如流，並且很有見解，便提拔他任侍御史。

李世民更難能可貴的一點是，他的下屬來源複雜、派系林立，而他卻能居中調節，權力制衡，使他們都能一心為國為民，為自己效命。唐太宗李世民的權謀當然不僅僅只是登基和用人兩方面。他使人納諫，從善如流，以人為鏡而知得失；他率兵打仗，活用兵法，善以奇兵克敵致勝；他鞏固正權，加強「三省六部」制，將天下牢牢掌握在手中；他教育子女，作《帝範》十三篇，以求根正；他勤政廉明，禮賢下士，體恤民情，創造了空前的文明詩史。

「唯能力是重」，這話說起來輕鬆，真正做起來並不容易。看看現在的各種「徵才資訊」，動不動就要求是「碩士」或「博士」，固然，博士、

第一章　知人善任，打破框架

碩士的知識水準要比一般人更高一些，但這只是整體比較，並不是說這些碩士、博士生就一定能勝任工作，才能就真的比別人出眾。用人唯才，絕不是單純的用文憑或學歷來衡量一個人的才能。

日本著名企業家，西武集團的總裁堤義明用人的一項原則就是不盲目相信學歷，這幾乎是日本企業界人人皆知的事實。

他曾多次說過：「學歷只是一個受教育的時間證明，並不等於證明一個人真的就有實際的才能。」

堤義明用了許多大學沒有畢業的人，很少用那些一流大學畢業的聰明人。他的理由如下：

一、聰明人自大而不長進

父親堤康次郎曾對他說：「聰明人常犯自大自私的毛病。」這句話，堤義明牢記在心。他表示，聰明人很少能虛懷若谷，大多恃才傲物，看不起身邊的人。看不起部屬，看不起同事，連老闆也看不起。驕傲自大的人會破壞團體的和諧，影響員工對公司的向心力。還有，聰明人認為自己永遠聰明絕頂，因此再也不去讀書進修，久而久之就落伍了。這一點有一系列事實為證。

在西武集團有一個制度，所有新進職員，無論你是什麼學歷，前三年都只能派到很低的職位上打雜，需要經過三年磨鍊期，才可以進入其他部門任職。

很多名牌大學出身、也是許多大公司爭相競聘的熱門對象，在西武集團經過三年的磨鍊後，雖仍不乏聰明才智，只可惜因為誤用了聰明條件，沒有好好地投入工作，結果表現平平，沒有能夠取得上級主管及同事們的信賴。而少數沒有學歷條件卻有職業誠意的普通人，卻學到了足

以應付更高一級職務必備的技能，他們比所謂的聰明人爭取到了較好的出路和工作安排。

二、聰明人不珍惜晉升

堤義明認為，當有經理的空缺時，假如晉升一流大學的畢業生，他很可能因為自己是名校出身的聰明人，而覺得理應被晉升，反而不會珍惜其職位。若晉升一個三流大學畢業或大學沒畢業的年輕人，他不但會珍惜其職位而且還會感激涕零地努力工作。

三、聰明人常製造麻煩

根據堤義明的觀察，聰明人的野心與欲望是平常人的數十倍甚至百倍。有朝一日掌握大權，很可能假公濟私，借公務之便，滿足私欲。

他覺得，聰明人非但不會為職務盡責，而且常是公司裡製造麻煩的頭痛人物。

堤義明說：「我寧可採用實實在在、忠於職守的普通人。」

堤義明這種用人法的成功之處，還在於讓所有人在進入他公司後，絕對不能以學歷、金錢、血緣或其他人為關係取得晉升的機會，每個人在他的管理下，都享有同等提升甚至挑選進入董事會的機會。

這種做法，也使西武集團內部出現一種很特殊的現象，就是沒有人會拿自己讀過什麼大學來炫耀，甚至誰也不提自己過去的學歷。他們都明白：只要一邁進西武集團的門檻，學校的文憑就是一張廢紙。結果，公司內部一視同仁，彼此謙虛互愛，眾志成城。

堤義明「不重學歷」還收到一個奇效，那就是無論有學歷或無學歷者都爭著到西武集團，對有學歷者而言，想憑自己的本事證明學歷與才能

第一章　知人善任，打破框架

是成正比的；無學歷者也慕名而來，因為他們知道在西武集團能夠有用武之地，施展才能。

不拘一格提拔重用人才

人盡其才，對國家是大計，對企業公司而言，更是良策。

美國福克斯公司總經理史高勒斯所屬的一家資本達百萬美元的電影院，由於經營不善，虧損嚴重。

有一天，史高勒斯為弄清原因，突然來到亞特蘭大城中的這家電影院。這時已是上午 11 點鐘，電影院裡只剩一名年輕的小職員。史高勒斯問他：「經理在哪裡？」

小職員回答說：「經理還沒有來。」

史高勒斯又問：「副經理呢？」

小職員又回答說：「也沒有來。」

史高勒斯又問道：「那麼兩位經理都沒來，電影院現在由誰來管理呢？」小職員回答說：「我在臨時管理。」

史高勒斯聽完，當即對這位忠於職守的小職員宣布：「從現在起，我作為這家電影院的領導者，決定你就是這家百萬美元電影院的經理。」同時，史高勒斯又宣布開除失職的兩位經理。不久，這家電影院就轉虧為盈了。

史高勒斯突然下訪電影院，了解到這家電影院真正虧損的原因就在於原來的負責人沒有責任心。由此斷定，只要選擇一個責任心很強的人來管理這家電影院，就一定能夠改變現狀，扭轉局面。他的暗訪無意中碰到這位小職員。從他的身上，史高勒斯尋找到了自己所需的東西，這位小職員就是他所需要的人才。於是，他當即宣布任命他為新的經理，

這麼做的目的就是讓小職員知道，他用他的唯一原因只在於他忠於職守。小職員明白這一點，當然就會多花精力和功夫，各方面都更加賣力，這樣一來，電影院當然能夠轉虧為盈了。史高勒斯待人有別的手法是頗值得管理者借鑑的。

不拘一格，人盡其才

漢高祖劉邦其實只會一門學問，但就是這門學問，讓他得到天下，坐上龍椅。這門學問就是用人的學問，他的用人完全表現了「不拘一格，人盡其才」的優勢所在。

劉邦年輕時遊手好閒，30多歲當了一個小小的泗水亭長。秦朝末年，繼陳勝、吳廣起義後，劉邦與同鄉好友蕭何、曹參等殺死沛縣縣令，舉行起義。先是投靠項梁、項羽起義軍，在推翻秦王朝統治後，又與項羽分庭抗禮，爭權天下，進行為期五年的楚漢之爭，於西元前206年打敗項羽，登基稱王，建立中國歷史上時間最長的朝代──漢朝。

在歷史上，劉邦總是給人一個流氓無賴、陰險小人的形象。關於他的人品，我們無意去評論，單就權謀而言，也給我們留下了一個疑問，劉邦到底是憑藉什麼才能坐上王位呢？

這就是用人。就是這個門學問，使得他足以擊敗「力拔山兮氣蓋世」的楚霸王項羽，足以龍袍加身，君臨天下！毫不誇張地說，劉邦稱得上是古今中外幾千年來最懂得用人的權謀家。

劉邦自己也知道這一點，在一次慶功宴上，他對群臣說：「據我所想，得失天下原因，須從用人上說。試想運籌帷幄，決勝千里，我不如張良；鎮國家，扶百姓，運餉至軍，源源不絕，我不如蕭何；統百萬兵

第一章　知人善任，打破框架

士，戰必勝，攻必取，我不如韓信。這3個人是當今英傑，我能委以任用，所以才得到天下。」

劉邦的話不假，縱觀秦末豪傑，乃至整個歷史上的帝王將相，劉邦最善用人。他本無賴出身，文不能文，武不能武，若不是善於用人，又怎能當得上皇帝呢？既然劉邦用人權謀如此之奇妙，就讓我們一起來看看，他在用人方面到底有何過人之處。

一、用人不拘一格

劉邦廣集良才，用人不拘身分、地位、唯才是用。由於任賢使能，使得他的麾下聚集了一個由不同社會階層、不同出身和閱歷的賢能人物組成的強大人才集團。張良、蕭何、韓信、陳平等都是他建功立業、改朝換代的最得力助手。

張良原是韓國貴族，曾結交刺客狙擊秦始皇於博浪沙（今河南原陽），他曾向劉邦提出不立六國後代，連結英布、彭越、韓信等軍事力量的策略，又主張攻擊項羽，徹底消滅楚軍，均為劉邦所採納。

蕭何原為沛縣小吏，曾輔佐劉邦起義。當起義軍進入咸陽時，他不但及時規勸劉邦不能貪圖享樂，並用政治家、策略家的眼光，立即取出皇宮裡的律令圖冊，很快地熟悉各種法律條文和全國山川險要、郡縣隘口等情況，還推薦韓信為大將，自己以丞相身分留守關中這個策略後方，源源不斷地向前線運送兵源糧草，終使劉邦在楚漢戰爭中取勝。

韓信是貧困潦倒的流浪漢，曾在項羽部下當一名管糧草的小官，他投奔劉邦很快被重用，出任大將後，用兵如神，屢建戰功，成了劉邦打敗項羽最關鍵性的人物。

陳平出身貧困，做小官時貪汙受賄，且與嫂子關係曖昧，素有「盜

嫂受金」之譏。他投奔劉邦後，被任以護軍中尉之職，他曾建議用反間計，使項羽不用謀士范增，並以王位去籠絡大將韓信，為建立漢王朝霸業作出了重大貢獻。

曹參是沛縣的一位小吏；周勃以編席為業，兼當吹鼓手幫人辦喜、喪之事；樊噲是宰狗的屠夫；灌嬰是布販；夏侯嬰是馬車伕；彭越、黥布是強盜；叔孫通原是秦王朝皇帝顧問的博士；張蒼是秦王朝典掌文書檔案的御史……

這些人的身分都很複雜，出身各異，但劉邦卻能信而用之，這一方面說明劉邦用人的標準明晰，就是有人有能就行；另一方面，這些人性格各異，脾氣迥然，而劉邦卻能讓他們和平共處，一起為自己效命，足見劉邦真正的過人之處。

二、根據人才特點分配工作，人盡其才

劉邦善於識人，更善於用人，他能根據人才的特長分配工作，讓他們發揮自己的特點，人盡其才。對於身邊的下屬，劉邦更有深刻的了解。劉邦臨死前，呂后問劉邦，他去世以後誰能輔佐幼主劉盈治理天下。劉邦說：「蕭何年老了以後，曹參可以繼任。」

呂后又問：「曹參以後誰可接替？」

劉邦說：「王陵可以接任。但是他太厚道老實，要讓陳平幫助才行，陳平足智多謀，可補王陵的不足，但要他獨當一面，還難以勝任。周勃教育程度低，但為人樸實，以後幫劉氏安定天下的，非他莫屬，可以任用他為太尉。」

劉邦的分析很正確。在他死後，以上這些人的表現和劉邦的分析基本一樣。

第一章　知人善任，打破框架

三、適時用人

　　劉邦用人學問中最獨到的一點是，他能根據不同的時期與形勢，採取不同的用人策略。這從他對韓信的態度和使用上可以清楚地看出來。

　　當勢力薄弱時，卑躬屈膝。韓信初到漢營時，還是無名小卒，劉邦看不起他。但他聽蕭何說韓信是一個大將之才，可以幫助他打天下時，馬上放下漢王的架子，築了一個高臺，舉行隆重典禮，畢恭畢敬地拜韓信為大將，並向全軍宣布說：「凡我漢軍將士，今後俱由大將軍節制，如有藐視大將軍、違令不從者，儘可按軍法從事，先斬後奏。」那種謙恭卑順的樣子，令全軍上下莫名其妙。

　　當形勢不利時，慷慨讓步。漢高祖四年，這時劉邦在成皋戰場失利，急需把韓信、彭越等部隊調來支援正面戰場。不料此時已攻占齊地的韓信，正巧派使者來，要求劉邦封他為「假王」，以鎮壓齊國。劉邦大怒道：「怪不得幾次調他一直按兵不動，原來是想自己稱王！」這時正在身旁的張良、陳平趕緊用腳踢了他一下。劉邦恍然大悟，急忙改變口氣，對韓信的使者說：「大丈夫平定諸侯，做王就該做真王，為何要做假王呢？」於是派張良為特使，正式封韓信為齊王。韓信受封後，果然高高興興地率兵來參加正面戰場作戰。

　　劉邦稱帝後，大封自己的同姓弟子為王，同時認為那些在戰爭年代封的異姓王公，居功自傲，藐視皇帝。於是決定先拿韓信開刀，除掉異姓王。於是，劉邦在高祖六年，宣稱巡遊雲夢澤，約定在陳地會晤諸侯。當韓信奉命到來時，劉邦以有人告他謀反為由，令武士將其拿下。當韓信申辯時，劉邦厲聲說：「有人告你謀反，你敢抵賴嗎？」把韓信押回洛陽後，因查無實據，便把他降為淮陰侯，軟禁在京城。劉邦的用人權謀，既有坦誠恩惠，又有詭詐刁滑，作為一位出色的權謀家，這些用

人策略的交替使用，是其事業成功的重要基礎，是其一掌乾坤，登基封王的關鍵所在。

劉邦在歷史上，無疑是獨樹一幟的，他不像曹操、李世民那樣文韜武略兼而有之，身先士卒，垂範天下；也不像明成祖、康熙那樣藉助龍脈相承，挾先人之餘威而君臨天下，他所憑藉的，只是一門用人之術。

毫不誇張地說，在用人的謀略方面，劉邦堪稱是古往今來的第一人。他不僅懂得識人，而且善於用人，他把「用人權謀」作為一個系統來研究與運用，能根據不同的歷史時期和處境遭遇，來確定自己的用人策略，以不變應萬變。他的用人權謀，已單純從個體的「人」抽象出來，不從人的角度出發去談論用人，而是從謀略體系的角度去用人，如此高明的用人權術，試問天下又有幾人做得到呢？

研究了劉邦的用人權術，我們才終於深悟：原來劉邦得到天下，完全不是偶然，他也有自己稱霸天下的資本。他將這門權謀研究得頭頭是道，運用得淋漓盡致。

從這一點而言，劉邦無疑是一騎絕塵，當坐中國歷史上用人權謀家的第一把交椅。

第一章　知人善任，打破框架

用人所長，事半功倍

據馮夢龍的《智囊補》記載，孔子曾有一個用人之長的故事：

有一次，孔子過街，他騎的馬不小心吃了別人的糧食，糧食的主人特別生氣，就把馬扣留下來。孔子的名弟子子貢前去討馬，費盡百般口舌，仍是無功而返。

孔子聽後，說：「你是不合適去做這件事的。」於是另派馬伕去找那戶人家說情。馬伕到了主人家，對主人說：「如果你不是出去耕田，我也不去到處遊玩，你專心守你的糧食，我認真管好我的馬，我的馬又怎麼會去偷吃糧食呢？」主人聽後，當下解馬歸還。

馬伕說的話至情至深，所以此人能聽進去，但子貢為人文質彬彬，總喜歡舞文弄墨，像糧食主人這樣的粗人，又怎會有耐心去聽子貢說教呢？

馮夢龍由此稱讚孔子：聖人達人之情，故能盡人之用。

包容他人的缺點

現代社會，分工日趨複雜，人才不可能成為各方面都專精的全才，作為一名用人者更要注意用其所長，避其所短，真正做到人盡其才，才能使自己的事業興旺發達。

所以，高明的用人者必須對別人的長短瞭如指掌，從而最大限度地發揮他們的作用。明代顧嗣協有一首詩是這麼說的：

> 駿馬能歷險，犁田不如牛；
> 堅車能載重，渡河不如舟。
> 舍長以就短，智者難為謀；
> 長材貴適用，慎勿多苛求。

這句話值得用人者深思，它說明人無完人，各有所長，避其所短，不因其有這樣或那樣缺陷而苛求人才，這樣才能人適其用，人盡其才。捨長以就短，必然導致事業上的失敗。

林肯是美國歷史上最著名的總統之一。在南北戰爭初期，為了保證戰爭的勝利，他力求選拔沒有缺點的人任北軍的統帥，然而，事與願違，他所選拔的這些修養甚好，幾乎沒有缺點的統帥，在擁有較多的人力及物力的條件下，反而被南軍的將領打敗，有一次幾乎連首府華盛頓都差點失去，這使林肯大為震驚。

林肯分析了對方的將領，幾乎每一個都有明顯缺點卻又都有個人特長的人。林肯最後得出結論：南軍統帥相當善用其手下將領長處，所以能打敗自己任命的看起來沒有什麼缺點而又不具備什麼特長的北軍將領。

於是，林肯毅然任命了酒鬼格蘭特（Ulysses S. Grant）為北軍司令。委任狀發出以後，輿論大譁。人們普遍認為北軍完蛋了，因為「昏君」任命了「庸才」。好心人也晉見林肯，說格蘭特好酒貪杯，難當大任。林肯卻笑著說：「如果我知道他喜歡什麼酒，我將送他幾桶。」

歷史證明，林肯的決定是正確的，正是對格蘭特的任命，成了美國南北戰爭的轉捩點，北軍由此節節獲勝，直至最終消滅南軍。

林肯提拔格蘭特的故事告訴我們，選拔人才不能要求「完人」，「求全責備」是選材的大忌。如果林肯當時沒有意識到這一點，美國可能就不是今天這樣了。

第一章　知人善任，打破框架

充分了解下屬是合理使用的基礎

　　選好人更要用好人。選得好，用得不當，也是一種莫大的失誤。1979年被聯邦德國企業界評選為最優秀的女企業家霍爾姆，作為聯邦德國最大的冷軋鋼廠的領導人說：「作為一個企業家或者經理，應當知人善任，了解每個下級的工作能力和特長。在部署工作時，應將合適的人，放在適合他能力和特長的職位上。公司經理要有領導他人的才能和經驗，這一關，比產品本身更重要。」

　　作為一個管理者，不一定非要是每一行的專家，事實上這也是不可能的，但他必須有一般人所不具備的用人才能。

　　金無足赤，人無完人。世上的全才是不存在的，你只能找到某一方面或某一項工作有專長的人才。所以，領導者用人的要點在於用人所長。用其所長，下屬工作積極，管理效能鮮明，事半功倍。倘若用非所長，勉為其難，讓勇士去繡花，那真是極不明智的安排。

　　用人用他的長處，就要容忍他的短處。美國學者杜拉克在《卓有成效的管理者》（The Effective Executive）一書中說：「倘若你所用的人沒有短處，其結果至多是一個平平凡凡的組織，所謂樣樣都行，必然一無是處。才能越高的人，其缺點也往往越明顯。有高峰必有谷底。誰也不可能是十項全能。與人類現有博大的知識、經驗、能力的彙總相比，任何偉大的天才都不及格。一位經營者如果僅能見人之短而不能見人之長，從而刻意挑其短而非著眼於展其長，這樣的經營者本身就是──位弱者。」

　　不同的人有不同的性格，作為一個領導者，首先要了解你的下屬，了解你下屬不同的性格特徵，才能確定哪種性格適合做哪種事。

一、雷厲風行，說一不二的人

　　這種人任何地方都用得到。如果你是一位領導者，一個公司經理，你手下必須要有這種性格的人為你服務，如果缺了這種人，你將會隨時感到為難，感到力不從心。因為現代社會是個快節奏的社會，做什麼事都不允許你慢慢吞吞。在激烈的競爭之中，更要求你辦每一件事都要雷厲風行，搶在別人前面。

二、優柔寡斷的人

　　人的性格是各不相同的，你不能要求你的下屬都是同一種性格，你的下屬中有優柔寡斷的人並不奇怪，也不是優柔寡斷的人什麼事都不能做。對於這樣的人，一般要注意的是，不能委託他辦需要自己作主的事，更不能委託這種人辦急事。如果你委託他去簽一份合約，那麼在合約談判的過程中，你就得不斷地接他的請示電話，而在電話中，他很可能沒辦法把情況說清楚，這樣，還不如你自己去簽。

　　因此，對於優柔寡斷的下屬，你只能委託他辦一些不需要做決定的常規事。

三、慢條斯理的人

　　慢條斯理也是人的一種性格，這種人做事講條理不講速度，一般比較細心。這種人可用之處不少，就看身為管理者的你能否發揮這種下屬的特長。

　　一般來說，每一個領導者都有許多需要細心和耐心才能做好的工作。像閱稿、分發、統計、檢驗這類工作，都可以盡量地委託這種人去做，其辦事結果一般會令人滿意、放心。

第一章　知人善任，打破框架

四、私心重的人

　　這種人比比皆是，到處都有。私心是人天生的一種利己心態，但私心如果太重，就會損害他人的利益從而為人所厭惡。領導者委託私心重的下屬辦事，應掌握好如下原則：首先，絕不能委託這樣的下屬辦與個人物質利益有關的事；比如你委託這種人去送禮，他很可能會半路上暗藏禮品（金）；其次，如果這類事非這種人辦不可，那就多加派一些人共同完成。

　　任用下屬辦事有一個技巧問題，聰明的主管要懂得用人所長。具體說來如下：

　　(1)對具有技術方面特長的下屬，可以委託他負責技術設計、技術改造，技術創新開發等方面的工作。他的表現欲望會帶來驚人的效果，有時一項技術革新，會帶給你的企業翻天覆地的變化，使產品從不受歡迎到大受歡迎，從滯銷到暢銷，從而帶給公司勃勃生機。這時，你就要考慮不僅在物質上予以獎勵，更重要的是給予他精神上的滿足，使他的榮譽感更加增強。他就會為你再作下一次的衝刺。

　　(2)對具有公關才能的下屬，可以委託他負責接待、外交方面的工作。公關，是現代企業一項必不可少的重要性工作，有時候一次成功的公關工作，能帶給公司意想不到的效果。公關工作是一種最能發揮某種表現欲的工作。公關高手淋漓盡致的表現正能代表你這個主管及整個公司的形象。

　　(3)對於一些善於精打細算的下屬，可以委託他做一些採購類工作。善於精打細算的人，是每個主管必須注意的人才，把這些人使用在供銷部門，委託他辦一些採購類工作，自會為你省下一筆可觀的費用，長此以來，你的經濟效益自然也就提高了。

（4）對於那些懂市場、能吃苦的下屬，可以委託他做產品銷售方面的工作。作為主管，針對以上這些人才，你只要把他們的表現欲望都充分地發揮出來，你辦事的目的也就達到了，你的事業也就成功了。

從人之短處中挖掘出長處

清代魏源曾提到：「用人者，取人之長，避人之短。」用人之長，這是現代領導者用人應該達到的最起碼要求。此外，還有一種更為高明的用人術，即「用人之短」的功夫。

其實，人們的缺點和優點之間並沒有絕對的界限，許多缺點之中也蘊藏著優點。有人性格倔強，固執己見，但他同時必然頗有主見，不會隨波逐流，輕易附和別人意見；有人辦事緩慢，但他同時往往有條有理；有人性格不合群，經常我行我素，但他可能有諸多創造，甚至是碩果纍纍。領導者的高明之處，就在於短中見長，善用短處。

唐朝大臣韓洪有一次在家中接待一位前來求職的年輕人，此人在韓洪面前表現得不善言談，不懂世故，脾氣古怪。介紹人在旁邊很著急，認為一定沒有錄用希望，不料韓洪留下了這位年輕人。因為他從那位年輕人不通人情世故的缺點之中，看到他鐵面無私，耿直不阿的優點，於是任命他「監庫門」。年輕人上任以後，恪盡職守，庫虧之事極少發生。清代有位將軍叫楊時齋，一般人看來在軍營中用不到之人他也有獨到的用法。如聽障者，他就安排在左右當侍者，以避免洩漏重要軍事機密；無法說話者，就派他傳遞密信，一旦被敵人抓住，除了搜出密信，也問不了更多的東西；腳有缺陷者，就命令他去守護炮臺，可使他堅守陣地，很難棄陣而逃；眼盲者，聽覺特別好，就命他戰前伏在陣前聽敵軍的動靜，擔任偵察任務。楊時齋的觀點固然有誇張之嫌，但確實說明了一個

第一章 知人善任，打破框架

道理：任何人的缺點之中肯定蘊藏著可利用的優點。

現代企業中善於用人之短的企業家也確實大有人在。有這樣一位廠長，他讓愛吹毛求疵的人去當產品品質管制員；讓謹小慎微的人去當安全生產監督員；讓一些喜歡斤斤計較的人去參與財務管理……大家各盡其力，這間工廠的效益倍增。

一位深諳此用人之道的領導者指出：由於智力和思維的不同、抗壓性的差異、成長環境的差別，每個人都互有長短，各有千秋，有的擅於全面統馭，有綜合能力，可為統帥之才；有的攻於心計，擅長出謀劃策，可為參謀之才；有的長於舌戰，頭腦靈活，可為外交人才；有的能說會道，有經濟頭腦，可為推銷之才；有的形象思維能力強，可向藝術領域發展；有的抽象思維能力強，可進軍科技領域……甚至，即使是同一類型的人才在處理同樣事務時，由於其抗壓性上或其他方面的差異，其表現手段、方法也會有所不同，結果自然也就會大相逕庭。正確的用人之道就是唯才是舉，任人唯賢；用其所長，避其所短。

「尺有所長，寸有所短」，任何人有其優點，也必有其缺點。人的優點固然值得發揚，而從人之短處中挖掘出長處，由善用人之長發展到善用人之短，這是高明的管理者用人藝術的精華之所在。

美國鋼鐵大王卡內基在用人方面，非常注意一點是：只要有才能的，就應該重用，用人之長，避人之短。

在卡內基的奮鬥中，他始終堅持這個原則，從而為自己爭取了一次又一次的機會。

有一個出身貧賤的青年成為卡內基公司的職員，儘管他工作十分勤勉，也十分出色，但是那些出身高貴的部門經理常常看不起他，並時常向卡內基進讒言。

卡內基並沒有一味偏聽偏信，他經過親自調查，發現那個青年相當出色，因此不顧其他人反對，毅然提拔了那個青年。

果然，不出卡內基所料，那個青年成為一個相當出色的管理人才。

卡內基就是這樣，有才能必受重用，不在乎其他方面怎樣，而且並不因為此人有弱點而棄之不用。他發現了一個道理，就是某個人在某一方面有弱點，在另一方面肯定會較別人更強。揚長避短，充分發揮一個人的長處，從而使他們更好地為他的企業而工作。

同時，這部分人因為得到卡內基的信任，勢必會加倍努力來證明他們自身的價值，也促進了卡內基事業的發展。

卡內基的用人技術的確十分出眾，也正是因為他出色的用人技術，才使得他獲得職員們的普遍信任，聚集眾多的人才，從而奠定他成為億萬富翁的基礎。

揚長避短，首先要求用人者要深知他人的優點和缺點到底在哪裡，其次要根據具體的事情去決定用什麼樣的人。要就事論人，而不是就人論人。某些人，平日給人的一貫印象或許是博學多聞、能力出眾，另一類人或許不學無術，遊手好閒，可是，如果用人者高明一點，也會發現這些所謂「優等生」身上的缺點，「劣等生」身上的優勢，從而因人而用。

人才充盈雖好，但還需知人善任，量才使用。

所謂「兵來將擋，水來土掩」，如果用人者非要弄個「兵來土掩，水來將擋」，恐怕就要鬧出笑話了。所以，「因事而選人，選人觀其長」的策略是非常重要的。

第一章　知人善任，打破框架

疑人也用，用人也疑

　　常言道：「疑人不用，用人不疑。」而今在企業管理中卻流行一個新觀點：「疑人也用，用人也疑。」這個問題的焦點是「疑」和「用」。這其中「用」是目的，「疑」是手段。如果只是用而不疑，那企業遲早會出事；如果只疑而不用，那企業的人才必定越來越少。

　　社會學家認為，社會資本是人們為達到共同目標在企業內部互相信任、互相依賴的一種社會資源。在企業內部，人力資本增加的一個重要條件是員工的合作能力，這種合作能力建立在相互信任，持有共同目標、共同道德準則的基礎上。傳統的經濟學家提倡發展人力資源，但往往忽視人們在社會中的相互作用以及交往中的相互信任度，這種相互信任度不但決定個人能否在組織中充分發揮才能和智力，而且對企業能否聚集員工乃至發揮集體智慧也至關重要。

　　人力資本可以透過教育培訓得到發展，而社會資本的形成往往受到民族文化、歷史遺產、風俗習慣、宗教傳統的影響。有些民族具有很高的互相信任度，因而能形成巨大的社會資本。如果一個企業缺乏相互合作的基礎、缺乏共同的道德準則，人與人之間不能相互信任，也就不可能形成社會資本，企業經營效率與競爭力也不可能提高。

　　這方面最著名的案例是美國某公司的興衰史。其失敗的最重要原因，並非是企業缺乏人力資源。1984 年，該公司擁有 24,800 名員工，近 23 億美元營業額。但因老闆本人深受傳統文化的影響，對家庭之外的高層主管皆不放心、不信任，當公司遇到困難時，把公司大權交給自

己的兒子，把經營能力較強的經理放在一邊。結果，許多有才華的經營主管跳槽離去，最終導致公司業績一敗塗地不可收拾。由此可見，該公司失敗的最主要因素就在於缺乏社會資本，缺乏相互信任、相互合作的精神。

值得注意的是，這位老闆所犯的錯絕非個別現象，有些企業長期以來發展到不了一定規模的重要原因之一，就是缺乏社會資本，缺乏對員工的信任度和合作精神。而日本企業之所以能在較短時間內發展成為大型跨國公司，除其重視人力資源、技術資源外，還有一個重要原因就是日本企業具有很雄厚的社會資本。日本員工大多能在工作上相互信任、相互溝通、團結互助、取長補短，以小組工作方式為代表的豐田管理模式就頗有成效，效率極佳。可以說社會資本的形成促進了日本企業員工的相互信任度，也為日本公司人事政策的實施奠定了基礎。

在企業用人問題上，很多時候往往都是一種「風險投資」。選聘的人，總不太可能一眼看穿，況且人也在發展變化著，只能說基本符合求職條件，至於今後是否出色，還有待於實踐的檢驗。這就蘊含著一種風險，有可能事與願違，但即便如此，雖有「他究竟能否做好」的疑惑，也還要用著看，這便是「疑人也用」。

而「用人也疑」，說的是企業管理中所必需的監督機制。企業管理中，既要有激勵機制，又要有監督制約的機制，這是企業管理不可或缺的「兩個輪子」。沒有監督制約機制的管理，名為「放手」，實為「放羊」。想當初英國的巴林銀行對駐新加坡的里森「用人不疑」，結果讓他得以在三年的時間內一直作假帳隱瞞虧損，最後造成 14 億美元的損失，迫使有 200 年歷史的老牌巴林銀行破產。「用人也疑」的監督制約機制，並不僅僅是對被監督人的，它表現著企業的一種完善的執行機制。對任

第一章　知人善任，打破框架

何人來說，沒有監督制約機制，就等於沒有有效的管理，「用人不疑」也就建立在盲目無序的基礎之上，最後難免要出這樣那樣的問題甚至是滅頂之災。

「用人也疑」，應該是放手與管理的有機結合，既要讓下屬有職有責，又要對其進行有效的監督檢查。這些監督檢查，既有預期的防範，更有對工作進一步的完善。比如，透過監督檢查，可以及時掌握工作程式，及時發現計畫與現實不夠相符的地方，有利於溝通和解決。對下屬的監督檢查，更重要的是考核其工作態度和成效，並注意揚長避短，更有效地發揮他的作用。從這個意義上來說，「用人不疑」往往會被理解為放手不管，而用人也疑，則是放中有管，在放手和管理中尋求最佳的平衡，使企業管理中的激勵與監督機制這兩個輪子和諧運轉、並行不悖。

許多企業，特別是民營企業，在經歷原始的混亂無序的「放羊式」管理失敗的慘痛後，開始尋求科學規範的現代企業管理模式。這是一種理性的回歸。現在，再有人拍著胸脯向企業老闆說什麼「疑人不用，用人不疑」，老闆們則會認認真真地答覆他：「對不起，現在叫『疑人也用。用人也疑』。」

用將「使功不如使過」

　　「使功不如使過」，能否做到不計恩仇、納賢薦才、馭將以德，是衡量和反映領導者用人功夫的一個極其重要方面。歷史上凡是代表革命的、進步的階級和政治集團利益的將帥，在他們周圍都是謀士如雲，戰將如雨，這對於戰爭勝負的影響是不言而喻的。因此，納賢薦才，馭將以德，幾乎成為各個時代用將的一條根本的原則。不論在，哪一國的軍事領域，許多傑出的將帥對此不僅在理論上有豐富而深刻的論述，更是在長期的戰爭實踐中創造出許多動人的事蹟和有益的經驗。

　　若米尼男爵（Jomini）曾經說過：「身為統帥的人，就應該認清楚這一點，凡是部下的光榮，實際都是他個人的光榮，愈是能夠有容忍的大度，那麼也就愈容易成功。」凡是開明、有作為的將帥，都能大度待人，不但能夠容下才能高於自己的人，而且對那些反對自己，或犯有過錯的部屬幕僚，也都能寬宏信任，團結任用。

　　曹操在官渡之戰結束後，從繳獲袁紹的圖書案卷中查出一大堆書信，這些書信均是戰事危急時曹操手下的人暗中寫給袁紹的投降或告密書信。但曹操並沒有就此追究責任，反而將其全部付之一炬，概不追查，從而增加曹軍的凝聚力和向心力，這充分表現了曹操寬容待人的氣量和風度。唐高祖李淵既往不咎，兩次赦免李靖，提出用將「使功不如使過」的論斷。李淵和李靖，原先均是隋朝官員，李淵曾封為唐公，鎮守太原。李靖任馬邑郡丞（今山西朔縣）。李靖在馬邑察覺到太原留守李淵正在密謀起兵反隋，於是他前往江都（今江蘇揚州），準備向正在那裡

第一章　知人善任，打破框架

巡視的隋煬帝告發。不料走到長安，道路阻塞不通，只好滯留長安。大業三十年（元617年），李淵終於在太原起兵反隋，並乘勢快速攻占了長安。這樣，李靖在長安被李淵部所俘。李淵即將處決李靖時，李靖高呼：「唐公起兵除暴安良，欲成大事，為何用私怨殺賢士！」

李淵一聽，知道李靖不是尋常人物，加上李世民站出來請求李淵免去死刑，李靖才免於一死，並歸附李淵和李世民父子，參加統一全國的戰爭。李靖在東征王世充時立了戰功，獲授開府（也稱督撫）之職。武德二年（西元619年），李淵出兵討伐蕭銑，令李靖到四川奉節參加徵討。在進軍途中，李靖用計救盧江王李瑗部成功。在死罪獲釋之後，李靖連連取勝，一帆風順之下，心也跟著鬆懈下來。在參加對四川奉節進攻蕭銑部時，由於戰役計畫不周密，不詳細，使進軍不利，戰況欠佳，並屯兵峽州不前。幸虧峽州刺史許紹兩次率兵相救，才使李靖能在荊門、公安一線站穩腳跟，與敵方對峙。李淵得知後勃然大怒，嚴斥李靖貽誤戰機，遂令峽州（今湖北宜昌）刺史許紹就地處決李靖，以正軍法，恰好又是許紹為李靖上書求情，才幸獲赦免。經過兩次波折後，李靖便謹慎起來，並決心施展才華，爭取戴罪立功。後李靖率兵收復開州、通州。

不久李靖又上書提出討伐蕭銑的10條計策，而使李淵喜不自勝，遂即新寫詔書：「以前的過錯朕早已置於腦後，將軍不必介意，儘管專心致敵。」李靖見到聖諭，如釋重負，決心繼續立功報效。自此，李淵對朝臣說，他自己對「使功不如使過」的說法已深信不疑了。此後李靖在統一全國，以及征討東突厥的戰爭中，立下了豐功偉業。

岳飛在抗金戰爭中，既治軍，又光明磊落，待人以誠，從不計較個人恩怨，從而吸引大批文人武士紛紛慕名而來，比如，楊再興原是流寇曹成的悍將，打仗非常勇敢。岳飛在取曹成的戰役中，楊再興殺了岳飛

的弟弟。岳飛在擊潰曹成軍後，楊再興兵敗自縛拜見岳飛。岳飛從民族大業出發，不計殺弟之仇，把他收為部將，且任用不疑。此後，楊再興非常忠心耿耿地跟隨岳飛南征北戰，直至最後戰死在小商橋。

李自成是一位具有容忍大度心懷的軍事統帥，義收陳永福這個舉動，足以說明這位農民起義軍領袖的氣量。明末，明將陳永福曾在一次戰鬥中射瞎了李自成的左眼。李自成的將士平時唯陳永福最恨，都決心擒其殺之報仇。後來，起義軍攻克開封，明朝軍隊大小官員全部投降，唯陳永福因怕遭報復，死守山頭不降。李自成為瓦解敵軍，從大局出發，不挾私怨，派遣手下大將前去招降，發命令「取箭折之」，「誓不食言」。陳永福始率兵歸降，並誓以死相報。

歷史上，以「使過」之法收復人心而取得驚人效果的例子是舉不勝舉的，因此現代管理者非常推崇這種手段。

第一章　知人善任，打破框架

做個思想開明的領導者

使用人才不要感情用事

　　在使用人才時不要感情用事，這是主管在用人時必須注意的一點。由於種種原因，上下級之間，同事之間的矛盾情緒是存在的，受這種情緒的影響，在用人中不能實事求是、秉公辦事的現象也存在。比如，平時不喜歡某個人，儘管他有才華，在選才時也總是對其不以為然；反之，因為喜歡某個人，就總是想著他，也不進行其他考核。還有在處理人這一個問題上，因為加入了感情色彩，該處分的不處分或減輕處分，不該處分的給予處分等現象不僅會埋沒有用人才，還會影響員工對領導者的看法。

　　人都是有情感的，領導者也不例外。在認識與使用人才時，要堅持一視同仁、任人唯賢的原則，不能以個人的好惡為標準，而是要出於公心，以大業為重，實事求是地評價人，任用賢才。

　　對所有員工一個尺度，特別是應當給與老員工與新員工同等的待遇。同樣的機會，同等的標準。絕不能因為是老員工就對其寬容大度，也不能因為是新員工就對其嚴上加嚴。

　　用人的理性還表現在嚴格地照章辦事，該獎賞時則賞，當處罰時則罰，賞罰分明，該獎賞時不可不賞，會使員工失去激勵和動力；也不可當罰不罰，一味的婦人之仁，使員工失去畏懼。

　　要避免情緒因素的干擾，在做出人事決策的時候，不能光靠領導者

的感覺，而是要健全各種行之有效的制度，比如，實績評價、民意測驗等。

用人不能只看忠誠度

管理者需要的是部下工作、交出好成績，下屬只有忠誠是不夠的，還必須要有能力。

許多老闆靠自己的聰明和艱苦奮鬥，創立了自己的企業，他們深知自己的成就來之不易，為了保護自己的事業，他們往往不信任外人，由自己的妻子、兒女或其他親屬來擔任企業的要職，殊不知，這樣做有很大危險性。

身負要職的人對自己忠誠很重要，但再忠誠的人如果勝任不了工作也沒有用。小公司中，常常見到重要的職位都由自己的血親或姻親占據著，人們普遍認為親戚是不會背叛自己的，也就是說，他們比較可靠。如果是外人的話，不知道他什麼時候會辭職不做，而且辭職後可能會做相同的工作，成為自己的競爭對手。如果是自己的親戚，就不會發生這種事。

但任用親戚擔任要職，也會為企業帶來很大的隱患。因為任人唯親不免就會有才能和職位大不相符的現象出現，在這種情況下，不但很容易打擊其他職員的幹勁，同時很容易助長被重用的親戚的氣焰。雖然工作能力不好，卻會自恃「我是領導者的親戚」，到處顯威風，讓周圍的人無法忍受，使眾人情緒波動嚴重，不利工作的順利執行。忠誠是指絕不背叛領導者和公司，就是無論是好是壞，都要懷有為了領導者和公司奉獻自己的願望。對領導者來說，有這種人在自己身邊，既省心又放心。

第一章　知人善任，打破框架

但是從公司經營的角度來看，因為這種人的存在，而使公司的工作處於一種荒廢的狀態，單純地為忠誠而忠誠，那就得不償失了。忠誠的同時也必須還能勝任工作，才能為公司帶來利潤，才能使公司得以發展。關鍵的問題是如何把各種類型的人組合在一起，並使之發揮最大效力，這也是當領導者的一項重要工作。

領導者應該有遠大的眼光，要想在商界立足，要想使自己的事業成功，必須記住：「在商言商。」一切為了公司，一切為了事業。

不要輕視女職員

管理者要重視包括女職員在內的一切可以為己所用的人。

很多企業在應徵人員時，往往將性別作為首要條件，有非男不取之勢。其實這是管理者認知上的一個失誤。他們在想法上認為，女職員工作能力差、管理困難，而且又要承擔家庭責任而分散工作精力，這些認知都是很短淺的。正是這些誤解使他們不敢重用女職員，不敢讓她們擔負重要職責。

和男職員一樣，女職員也有逃避責任的傾向，容易安於現狀不思進取。管理者的輕視不但讓她們有了逃避的藉口，也讓她們身上所蘊藏的潛能得不到充分的發掘，所以造成很多大有能力的女職員只能從事一些簡單的工作的人才浪費現象。從這種意義上說，管理人員對女職工的遷就，違背了「任人唯賢」的管理原則。

所以，必須樹立「人盡其才」的觀念，從以下幾個方面入手，對女職員嚴格約束：

第一，促使她們自覺成為專業人士。

這是管理女職員最根本的一點。一般而言女員工，較重感情、重視人際關係，遇到事情沒有主見，害怕承擔責任。這些性格上的特點阻礙她們發揮自己的工作能力，與職業女性的要求相差太遠。

如何才能使她們自覺成為專業人士呢？最有效的方法是使她們明白工作的意義，為她們指出明確的奮鬥目標。

第二，不姑息遷就女員工的藉口。

管理者在分配較困難的工作給女職員時，她們為了逃避責任，往往會說：「我們女生沒辦法做！」如果對她們一味寬容遷就下去，她們永遠都不會有所改變。在這種情況下，管理者應當嚴格要求，不能任由這種不良態度放縱下去。

當然，不姑息遷就並不是說兇女職員，關鍵是要諄諄教導，使她們意識到工作是不應受個人感情左右的。女生天性願意接受好的意見，一旦意識到你的良苦用心，必定會欣然同意。

第三，不偏袒女職員。

管理女職員，要特別注意公平對待，不能偏袒其中某一兩個。女性感情細膩，發現受到不公平對待就容易產生不滿情緒。如果管理者過多袒護自己喜歡的女職員，也有損自己的形象，招來周圍同事的批判。

第四，培養上進心。

女性工作人員易安於現狀，不思進取，因而要注意加以引導。最有效的方法是給她們有責任的工作，促使她們在工作中樹立起職業意識，從而改變這種不良傾向。但也不能突然給她們加上沉重的壓力，令她們無法承受，而應循序漸進。

第一章　知人善任，打破框架

管仲用人的 12 條準則

　　用人要成功而有效，這是每個領導者都想做到的。在這方面，「先哲」的言論對我們很有借鑑。

　　齊桓公稱霸的時候，有一位功不可沒的宰相管仲。管仲是個足智多謀的人，早在西元前 7 世紀時就提出了 12 條用人準則：

一、嫉妒心強的人不能委以大任

　　一般的人，難免都會嫉妒別人，這也是一種正常的表現，因為有時候這種嫉妒可以轉化為前進的動力，所以不能說嫉妒就一定是負面的。但是如果嫉妒心太強了，就容易產生怨恨，覺得他人是自己前進的最大障礙，到了這種地步，往往就會做一些偏激的事情來，甚至於憤而叛變也毫不為奇。俗話說：「宰相肚裡能撐船。」這種人氣量太小，絕對不是一個好的領導者，因此不能委以重任。

二、目光遠大的人可以共謀大事

　　所謂有抱負的人也就是目光相當長遠的人。不同的人有不同的眼光，有些人比較急功近利，往往只顧眼前利益，這種人目光短淺，雖然會暫時表現得相當出色，但是缺少一種對未來的掌握和規劃能力，做事只停留在現在的水準上。

　　如果領導者本身是目光遠大的人，對自己的公司發展有一個明確的定位，並且需要助手，那麼這種人倒是很好的選擇，因為這類人最適合

於被領導者指揮運用,以發揮他的優點。

而一個能共謀大事的合作者則往往能在某些重大問題上提出卓有成效的見地,這樣的人是領導者的「宰相」和「謀士」,而不僅僅是助手,如果領導者能找到這樣的人,那麼對事業的發展無疑是如虎添翼。

三、瞻前顧後的人能擔重任

瞻前顧後的人往往思維比較縝密,能居安思危,能考慮到可能發生的各種情況和結果,而且很清楚自己的所作所為;這種人往往也很有責任感,會自我反省,善於總結各種經驗教訓,他的工作一般是越做越好,因為他總能看到每一次工作中的不足,以便於日後改進。如此精益求精,成績自然突出。雖然有時候這類人會表現得優柔寡斷,但這正是一種負責任的表現,所以作為一個領導者,大可放心地把一些重任交給他。

四、千萬不要親近性格急躁的人

這種人往往受不了挫折,常常會因為一些微小的失敗而暴跳如雷,自怨自艾。這樣的人做事往往毫無計畫,貿然採取行動,等到事情失敗又怨天尤人,從不去想失敗的原因,也很少能夠成功。如果領導者遇到這樣的人,那麼就該遠離他,以免受到他的牽累而後悔。

五、絕不可以重用偏激的人

過猶不及,太過偏激的人往往缺乏理智,容易衝動,也就容易把事情搞砸。就如太挑食的人由於過於挑嘴,導致身體不健康不能擔負重任一樣,想法如果過於偏激,也難以成就大事。偏激的人總是很容易讓事情走向某一個極端,等到受阻或失敗,又走向另一個極端,永遠也到達

第一章　知人善任，打破框架

不了最佳狀態。就如理想和現實兩者的關係一樣，理想往往是瑰麗的，不斷引發人們去追求，但是如果缺少對現實的掌握，理想也只能是空中樓閣。

相反，如果滿腦子考慮的都是瑣碎的現實，那麼終會被淹沒在現實的海洋裡而不能自拔，最終陷入迷茫之中，所以凡是要成大事，都要把二者結合起來，保持一種平衡的心理才能取得最佳效果。

六、善於做大事的人一定能受到別人的尊敬

一個協調的公司就像一組球隊一樣，有相互合作，也有明確的分工。有的人雖然本分做得兢兢業業，不辭勞苦，但是很難贏得他人的尊敬，領導者仍不敢隨便把重大的任務交給他們，這是為什麼呢？

因為這些人往往偏重於某一技術長處，卻缺乏一種統御全面性的才能，所以絕不能因為小事辦得出色而把大事也交給他來做。善於做大事的人作風果斷而犀利，安排各種工作遊刃有餘，能發揮核心作用，也就必然受到人們的尊敬。善於做大事的人不一定能做小事，而小事做得出色的人也不一定能做大事，作為領導者一定要明辨這兩類人，讓他們各司其職，分工合作，才能取得最大的效益。

七、對大器晚成者一定要有耐心和信心

有的人有些小聰明，往往能想出一些小點子把事情點綴得更完美，這類人看上去思維敏捷，反應靈敏，也的確討人喜歡；但是也有一些人，表面上看起來不聰明，甚至有點傻，卻往往能大器晚成。

對於這類大智若愚的人，領導者一定要有足夠的耐心和信心，不能由於一時的無為而冷落甚至遺棄他，因為這類人往往能預測未來，注重

追求長遠的利益。既然是長遠的利益,也就不是一朝一夕所能達到的。信任他並給予重任,不能讓這類寶貴的人才流失。

八、輕易就斷定事情沒有一點問題的人是極不牢靠的

無論大事小事,一定存在著各種問題,做事情說到底也就是解決各種問題。

如果一個人輕易就斷定沒有任何問題,這至少表明他對這件事看得還不夠深入。這種輕率作風是極不牢靠的一種表現。如果讓他來做一些重大的事情,那得到的也只能是一些失望的結果,所以這種人不可輕易相信,否則上當的只能是自己。

九、不要輕視小貢獻者,他們中也有傑出者

領導者也許會很重視一些為公司做出巨大成績的人,而忽視一些只有小成績的人。其實在這些人當中,也是有不同區別的。這其中的有些人的確是只能解決一些小問題,一旦碰到大問題,就會束手無策。但是另一部分人,他們做出的貢獻看似比較小,實質上解決的問題都比較重要,如果這些小問題一旦變成大問題,那麼就會對整個公司造成不小的損失。

所以,這些人的功勞實際上並不小,而且這也說明這些人具有比較長遠的眼光,做事情比較講究策略,領導者如果能把這些人挑選出來並委以重任的話,那麼能得到意外的收穫也說不定。

十、拘泥於小節的人一般不會有什麼大成就

做任何事情,有得必有失,利益上有大也有小,要想取得一定的利益,必然要捨棄一部分小利,如果一個人總是在一些小癥結上爭爭吵

第一章　知人善任，打破框架

吵，不願放棄的話，那也就終難成大業。

　　大科學家愛因斯坦整日蓬頭垢面，可謂不拘小節；大文豪李白豪放不羈，當稱不拘小節。春秋時的越王勾踐在失敗以後去吳國為奴，臥薪嘗膽十年，志在一朝滅吳，最後終於成就大事；韓信不拘於胯下之辱，最終成為西漢立國的功臣。

十一、輕易許諾之人一般是不可靠的，萬不可信任

　　除非有十足的把握，否則一般人對任何事都不會輕易許下承諾，因為事情的發展往往不為人們的意志轉移，各種無法預料的情況隨時都有可能出現。所以一個負責任的人並不會常常許諾。相反，正是由於他的責任心，使他作了全面而系統性的考慮，他不會輕易許諾，這樣的人才是可靠的，不要因為他們沒有承諾而不委以重任，只要給予充分的信任，調動他們的積極性，事情多半就會成功。

　　相反有一類人，隨口就答應，表現得很自信，到頭來卻不能完成使命。而且這種人也常常為自己輕易打下的包票找出各種理由來推卸，對於這種輕諾又寡信的人，千萬不可信任。

十二、話不多但每句都很有分量的人定能擔當大任

　　口若懸河，滔滔不絕的人未必就是能擔當大任的人，事實上這種人往往也並沒有什麼真才實能。他們只能透過口頭的表演來取信別人，抬高自己。真正有能力的人，只講一些必要的言語，而且一開口就常常切中問題的要害，這種人往往謹慎小心，沒有輕率的作風，觀察問題也比較深入詳細，客觀全面，做出的決定也實際可靠，獲得的成果也就實實在在。所謂「真人不露相，露相非真人」講的就是這個道理。

所以，一個領導者應該注意一些少言寡語的人，因為他們的聲音往往最有參考價值。切不可被一些天花亂墜的言語所迷惑，這也是一個成功的領導者所應該具有的鑑別力。

第一章　知人善任，打破框架

管理者應知的用人謀略

一、要有愛才之心

即使你是一位最偉大的天才，你也不可能掌握一切知識和了解各種複雜多變的情況；如果你手下沒有幾位或一批精通各類專業的學者、專家等卓有才華之人作為得力幹將，那你不免就會有孤掌難鳴、孤立無援之感。愛才之心是管理者不可缺少的一種素養。

愛才不避親仇是管理者的優良特質。春秋時代有許多流芳百世的生動故事。春秋時的祁奚薦才不避親仇，唐太宗李世民重用仇人李建成的謀士魏徵，曾國藩重用與之「交惡多年，音息不通」的左宗棠等，都是流芳百世的佳話。

古人尚且如此，獻身於造福人類事業的管理者更應虛懷若谷，不避親疏，唯賢是用。

二、識才之眼

慧眼識人才，不能單看出身、社會關係等等，最主要的應看是否有真才實學，是否屬於開拓型人才。在事業困難面前，那些有獻身精神勇於迎著風浪不畏刀山火海，善於為民解憂的人是不可多得的人才。反之，在困難面前，談虎色變，在順利時徘迴周圍的人，絕大多數必是無甚大才的平庸之輩；那些在領導者面前，好話說盡，壞事做絕的人一般是無能之輩。領導者不但要聽其言，更要察其行，考驗此類人，最好把一項難度高、任務重、風險多的事情讓其獨立完成，用實踐去檢驗他的才與德。記住：千

萬別把他與有才華的人放在一起工作，否則，這種人最容易貪天之功，又最善於推卸責任。也不可輕易授以「尚方寶劍」，作為你的代表。因為這種人往往會利用你的權力和威望去建樹自己的「功勳」。

拿破崙選拔將帥就是不以地位、出身和資歷作標準的。徹底廢除封建傳統的講究貴族出身的門閥觀念，量才任用，是拿破崙選將用人最革命性的進步思想之一。拿破崙曾經說：「每個士兵的行囊裡都有一根元帥的指揮棍。」他號召人人爭當將軍，人人爭做元帥。事實上，拿破崙也是作了榜樣的，貫徹了從軍隊中提拔那些有指揮才能、作戰勇敢、立有戰功的下級基層軍官，而這些軍官一般大多出身於農民或中產階級。在拿破崙的將帥群中，繆拉（Murat）和伯納多特（Bernadotte）曾當過士兵，著名的內伊元帥（Ney）是一個飯店老闆的兒子，拉納元帥（Lannes）是一個士兵的兒子。再比如，與拿破崙一起崛起的軍事天才如達武（Louis d'Avout）、蘇爾特元帥（Soult）等，在西元1789年法國大革命開始時，其職務和職業還只是少尉、上士、軍曹、劍術教師、染色工人、小販等，到15年後的西元1804年，他們都被拿破崙晉升為元帥。他還毫不猶豫地把將軍的證書授予年輕有為的軍官，如西元1804年5月拿破崙稱帝時，他下詔晉封的14位現役元帥中，37歲以下的就有7人，最年輕的達武只有34歲。

三、求才若渴

人才往往有其獨特性格，不輕易附和，不趨炎附勢。有的甚至平時和你很要好，一旦你身居要職，為避阿諛之嫌反而會對你敬而遠之。雖然這不見得都是美德。這種人一般都有真才實學，你不主動求才若渴，他們是不會自動流到你的江河中。

第一章　知人善任，打破框架

四、舉才之德

不論是屬於自己還是其他的部門，發現有超群人才，每個主管都應將薦賢作為自己的光榮職責，這樣做不但能留住人才，同時也會為自己樹立很好的名聲。

五、用才之能

愛才、識才、求才、薦才的目的無非都是為了更好地用才。用才要有魄力和膽略，才華超群的人往往鋒芒畢露，沒有大本領的人常常圓滑世故。領導者要勇於用那些有缺點有爭議，甚至超過自己的人才而不用那些庸碌無為之輩。這樣既能激勵擔當重任者的創造性，又能充分發揮領導的功能。

用人妙在用其長，避其短。一位學者曾寫道：「用人者，取人之長，避人之短」，「不知人之短，不知人之長，不知人長中之短，不知人短中之長」則會造成用人不當，不能人盡其才。若用之不當，用非所長或用其所短，不是埋沒人才，便是產生矛盾，而不能充分發揮人才的積極性和創造性。

六、護才之膽

人才的主要特徵之一就在於他們的開拓性和創造性。既是人才。往往也能表現其真知灼見而不流於俗，在群眾未充分理解之時，常常被視為異類，甚至把改革家的設想當作胡作非為。人才容易做出非凡業績，就會增加同事某種「對比壓力」；同時，人才本身也會有缺點，絕非無懈可擊，這也會給一些妒賢嫉能的人趁機孤立他們。優秀的管理者不能隨波逐流、是非不分，而應勇於挺身而出，說服群眾，力排眾議。英明的

管理者應有堅持真理、勇於護才的堅強魄力。

此外還要注意提拔手下的人,這樣才能使他感恩戴德,忠心耿耿。

即使是人才,在探索的過程中也難免有錯誤或過失,不能對之落井下石,甚至把他當作自己工作失誤的代罪羔羊。領導者應明辨是非,將人才從困境解脫出來,從而使他們心情愉快毫無阻力地為企業工作。

第一章　知人善任，打破框架

第二章

傳統管理以及管理失誤

當每個人都有事可做時,整個組織就會呈現出一片繁忙且生機勃勃的景象,個人的業務能力和工作效率也會有所提高。但同時要切記的是,施壓要有限度。

第二章　傳統管理以及管理失誤

從傳統角度看管理

說到管理，就不能不和歷史結合起來。管理從人類社會開始的那一刻起就已經存在，只不過當時是一種「無意識」的管理。跨越了幾千年的歷史長河，創新的管理一再地為社會發展與進步所用。特別是現代社會，各種管理的辦法與工具層出不窮，極大地促進經濟與社會的飛躍。

對企業來說，強而有力的管理工具已經在企業管理過程中顯示出實效的力量。諸如 ERP、BPR、CRM、KPI、5S、BSC、工業工程、六標準差等已經逐漸被企業所接受，並持續改變對企業管理的認知，進而創造出巨大的經濟效應和社會效應。任何一種創新都來自於原有的模式，而不是「無中生有」。關於此方面的例子舉不勝舉，如 N 次貼便條紙的普及應用便源於透明膠帶與紙張的結合。管理也是如此，如果沒有先人栽下經實踐檢驗後的管理之樹，後人又怎能遊刃有餘地創新管理的果實？從層級式組織 (Hierarchical Structure) 到工業發展初期的直線式組織 (Line Structure)，一直到現代的事業部制 (Divisional Structure)、矩陣式結構 (Matrix Structure) 等等。

歲月如梭。管理在歷史的長河中變得愈發的紛繁複雜，以至於現實中的我們在借鑑與創新管理的過程中經常會陷入困惑。歷史就像一面鏡子，它能照出事物的兩面性。分辨出管理真實的一面，才可能更好地「以古鑑今」，做到「古為今用」。具體說來，研究管理的歷史可以從「目的、動機、方法和假設」入手，而不是評判其是否符合現代管理的標準。古羅馬哲學家西塞羅 (Cicero) 曾經說過：「一個人不了解生下來以前

的事，那他始終只是個孩子。」這就說明了解歷史是何等重要！從管理的歷史中我們可以了解過去，明辨是非，掌握未來！

不可否認，管理是伴隨著人類的進化而產生並不斷完善的。早期的管理更多的是一種無意識的行為，甚至是因人類本能的需求而產生的行為。人類進化的早期，從樹上轉到廣闊的草原生活，在面臨死亡威脅時，自發地組織在一起，從而獲得生存的必需品。在古代社會，管理是作為一種明確的駕馭手段用來維繫統治者的利益，而管理發展到近代則變得多樣化，且藉助的工具也在不同程度上促進了管理意識與內涵的轉變。

具體來說，研究管理歷史的演變還應將管理歷史的形成過程和人類社會發展的不同階段結合起來並加以比較和歸納，特別要結合中西方社會的發展程式，這樣就可以比較全面地展示出管理學的形成過程：

早期的管理活動和管理思想

我們曾經提過，管理伴隨著人類社會的產生而產生，管理的活動與實踐自「盤古開天」就存在。人類進行有效的管理實踐，大約已超過6,000多年的歷史，早期一些著名的管理實踐和管理思想大都存於一些歷史文明古國。

從歷史記載的古今中外的管理實踐來看，以創造世界奇蹟著稱的埃及金字塔、巴比倫古城和萬里長城，其規模宏偉的建築足以證明人類的管理和組織能力。

最早管理思想的記載來自於《聖經》。摩西在率領希伯來人擺脫埃及人的奴役而出走的過程中，他的岳父葉忒羅（Jethro）對他處理政務事必

第二章　傳統管理以及管理失誤

躬親、東奔西忙的做法提出建議，一要制定法令，昭告民眾；二要建立等級，授權委任管理；三要委託專人專責管理瑣碎的問題，只有最重要的政務才提交摩西處理。這位葉忒羅可以說是人類最早的管理顧問人員了。他的建議表現了現代管理的幾個原理：授權原理（Principle of Delegation）、例外管理原則（Principle of Exception）、控制幅度（Span of Control）和幅度原理（Principle of Span）等。

中世紀的管理活動和管理思想

　　西元 6 世紀到 18 世紀，歐洲處在奴隸社會末期及資本主義萌芽時期，社會生產力、商品生產有一定的發展，商業開始湧動。從管理來看，主要出現兩種類型的社會經濟活動的組織形式：一種是商業行會和手工業行會；另一種是廠商組織。管理貿易的機構最早可追溯 11 世紀初形成的商業行會。商人在城鎮的聚集，很快引來工匠的聚集。因為工匠發現在定期的城鎮貿易容易銷售產品，同時也感到有相互團結的需求，於是第二種行會形式——手工業行會於 12 世紀初在西歐的城鎮出現。每個手工業行會都獲得許可證，被授予在特定地區壟斷生產某種產品或提供服務的權利。在資金的籌集方面主要有兩種形式：合夥和聯合經營。二者可以說都是公司的前身。15 世紀世界最大的幾家工廠之一的威尼斯兵工廠就採用了流水作業，建立早期的成本會計制度，並進行管理的分工，其工廠的管理人、幹部和技術顧問全權管理生產，而市議會透過一個委員會來審核工廠的計畫、採購、財務事宜。這是一個管理活動的典型範例，展現了現代管理思想的雛型。

管理學理論的萌芽

隨著人類社會的發展，人與人之間形成一定的社會關係，有了勞動的分工與協助，一直到 18 世紀，人類各種活動的目的僅僅是為了謀求生存，自覺或不自覺地進行管理活動和管理的實踐，雖然其範圍是極其廣泛的，但是從未對管理活動本身的重要性和必要性加以了解，提出系列的理論。僅有的管理知識是代代相傳或從實踐經驗中得來的，人們憑經驗去管理，尚未對經驗進行科學的掌握。

在 18 世紀到 19 世紀末這個時期，透過觀察各種管理的實踐活動，人們對管理活動在社會中所起的作用有了一定的理解。在軍事、經濟、政治、行政等某些領域或某些環節，提出某些見解。但這一切都停留表面，還沒有進一步系統地、全面地加以研究，因而人們對它的見解僅僅存在於一些歷史學、哲學、社會學、經濟學、軍事學等著作之中，並且只是一些對管理的零碎研究。

19 世紀中期前後，歐洲逐漸成為世界的中心。這時候可以說是歐洲各國在社會、政治、經濟、技術等方面經歷大變動、大變革的時期：大規模的資產階級革命；城市（主要是商業城市）的發展；資本主義生產方式的形成等等。特別是英國的工業革命，其結果是機器動力代替部分人力，從而導致機器大量生產和工廠制度的普遍出現，對社會經濟的發展產生了重要影響。

隨著工業革命以及工廠制度的發展，工廠以及公司的管理越來越明顯。許多理論家，特別是經濟學家，在其著作中越來越多地涉及有關管理方面的問題。很多實踐者則著重總結自己的經驗，共同探討有關管理的問題。這些著作和總結是研究管理發展的重要參考文獻。

第二章　傳統管理以及管理失誤

19世紀末20世紀初，隨著生產力的高度發展和科學技術的飛躍進步，經過不斷研究、觀察和實踐，管理學者們不斷豐富對管理的科學的認識，從而對其進行概括和抽象，這才逐漸地形成管理理論，管理作為一門科學才真正蓬勃地興起。

借鑑歷史的「輪迴法則」

輪迴之說緣於佛教的六道輪迴之說，說的是「輪迴」或「生命的循環」。從生命再生的角度提出一個說法，並不意味著我們要從學術的角度闡述輪迴法則的因果規律，而是想透過其中的內涵來說明一個現象：現在我們所做的事，有可能在先前就曾經發生過。人的一生當中經常會有一種閃念：感覺自己正在經歷的事似乎從前就發生過。儘管我們無法對此現象有明確的認知，但至少我們可以這樣感悟，做今天的事是否能結合昨天，甚至是更遠的以前，透過分析對比，從而為今天做的事尋找一條更捷徑的解決之路，想必這就是我們借鑑輪迴法則之說的緣由吧。

現實中我們可以透過一些事例來加深對「輪迴法則」現象的理解，比如對市場行銷概念的變遷認知。透過描述，我們發現：市場行銷發展到今天是不是又回到早期。如果說天地萬物都存在「輪迴」規律，那我們是否可以透過對前世案例的分析與研究為今天的行為提供可借鑑的思考靈感呢？

市場行銷的「輪迴法則」

接觸市場行銷應該是從接受 4P 開始。行銷概念中的 4P 是這樣定義的：產品 (product)、價格 (price)、地點 (place) 和促銷 (promotion)。這種行銷概念的核心是以自我為中心，也就是行銷早期的推銷。市場從「皇帝的女兒不愁嫁」的賣方市場轉向「酒香也怕巷子深」的買方市場，導致行銷方式發生改變，一味地「固守城池」可能換來的是「全軍覆沒」。此時銷售者被迫尋找一切可用的手段，希望在獲得既得利益的情況

下將產品推銷給消費者。一般而言，銷售者將自己生產的產品按照一定的價格，選擇合適的場所，透過吸引別人注意的手段達到銷售的目的，這也就是傳統的 4P 行銷。

市場的不斷成熟，消費者在選擇產品時越來越理性，這就增加了銷售產品的難度。此時，銷售者意識到，單純的一廂情願難以讓消費者心甘情願，於是以消費者為核心的 4C 行銷出現了。所謂 4C 行銷的核心就是圍繞著為消費者創造價值而展開、以四個方面為核心的行銷活動，這四個方面是顧客（customer）、費用（cost）、便利（convenience）和溝通（communication）。與 4P 行銷相比，4C 行銷的重點放在消費者身上。銷售者要更加詳細地考慮顧客的需求、為顧客節約費用、為顧客創造獲取價值的便利條件、保持與顧客的無障礙溝通，進而創造市場，滿足需求。

在經過市場經濟的反覆洗禮後，消費者不僅成熟而且需求也逐漸個性化。從 4C 的行銷角度審視消費者顯然已經跟不上市場的快速變化，消費者需要更專業的個性化服務。此時，作為銷售者就必須從 4C 行銷向 4S 行銷轉變。4S 行銷的核心是細分（segments）、速度（speed）、直接（straight）和服務（service）。具體說來，顧客的要求就是在需要產品（服務）的時候銷售者能以最快的速度直接為顧客提供類似顧問（一對一）式的服務，為顧客創造更大的價值。

針對以上市場行銷的轉變，現代市場行銷學之父菲利浦·科特勒（Philip Kotler）把它分為 5 個逐漸複雜的層次。這 5 個層次中首先是生產觀念，銷售者首先要考慮的是用盡可能低的成本高效率地生產和銷售產品；其次是產品觀念，只要自己生產出高品質和最有用的產品就會吸引消費者；再來是銷售觀念，在供給超過需求的情況下，銷售者將銷售重點放在銷售本身上而不考慮消費者的需求，採用一定的手段將產品「強

行推銷」給消費者；第四個層次則是市場行銷觀念，銷售者必須著重分析市場的變化和消費者的具體需求，然後調動一切資源提供服務；最後一個層次是社會市場行銷觀念，銷售者將自身融入社會發展的過程中，不僅要滿足消費者需求，更要積極地為全社會謀利。

以上是我們對現代市場行銷的了解。按照輪迴法則，在現代市場行銷之前就必然要存在同樣的行銷內容。事實恰是如此。早在13世紀，義大利的神學家和哲學家多瑪斯‧阿奎那就已經對市場的性質和功能進行了準確分析。他認為，市場的存在就是為了服務人的需求；它的主要職能是社會職能，它讓人們購買到食品，過上幸福的生活。他還認為消費者對效用的看法決定了價格。賣方如果能了解消費者所想，就能透過改變商品的特性和品質創造效用，並最終能提供給顧客。

透過對市場行銷的古今對比，我們可以發現：不論是現代行銷還是古人對市場的認知都是把行銷作為一個經濟和社會的概念，而不是一個簡單孤立的銷售活動，行銷更多被看成是滿足人類所需從而極大地促進人類文明的程式。可見，現代的市場行銷無論如何變化、發展，如何「花樣百出」，終究是「萬變不離其宗」，還是會回到「原地」，這也就是一種「輪迴」吧！

市場行銷如此，對人的管理是否也存在著「輪迴」之說？比如說以人為本的人本管理，早期和現代的管理方式可否有比較之處？

人本管理的「輪迴法則」

以人為本是管理人的基礎和前提，在人性解放程度空前的今天，人本管理對實現管理價值具有正面的促進作用。我曾經接觸過一家服務性

第二章　傳統管理以及管理失誤

質的客戶，服務的主要項目是公司的企業文化建設。在工作的過程中，我對客戶以前提到過的關於企業員工理念的一段話印象頗深：我靠××生存，××靠我發展。在和客戶交流的過程中，我能感受到客戶對員工的關心以及迫切為員工創造發展空間的意願。想法固然是好，但在企業文化上卻展現不出來，單憑這句話就否定了以人為本的管理理念。其中的「靠」和「生存」是建立在以自我為中心的管理理念基礎上，在某種程度上缺乏對人性的認知。某本書中關於對人性的探討曾經用一張圖片來形容現代企業和員工的關係：「在現代企業裡，不能把員工看成工具或試圖透過一些基本的條件改變來達到提高工作效率的目的。充分地重視人，讓人透過工作創造自己的價值，進而再為企業創造價值共識。」圍繞著這段話設想，我希望先從觀念上做到改變，將這句話引申為：我以××成長，××以我發展。由此可見，改變的不僅僅是幾個字，其中的寓意完全可以表現出客戶的想法以及由此進行的企業文化建設。

　　以上透過一個案例來說明現代企業所倡導的以人為本的人本管理，其核心是將人放在了第一位，所有的工作都圍繞著如何為人創造成長的環境做起。那麼，先前的社會是否也存在這樣的人本管理的想法和做法？從歷史的發展過程中可以發現，儘管從社會變遷的角度看，諸如奴隸社會、封建社會或是資本主義社會都是將利益建立在以自我為中心的基礎上，強調的是別人應該為我做什麼或是我該如何從別人身上獲得利益等。拋開這些不談，再向上追溯，我們會發現，在更早的時代，以部落為形式的管理就是以人為中心的管理。特別是在更換部落首領的時候，通常會建立在集體利益的基礎上，確定真正能領導部落生存的首領。只是隨著剩餘產品的出現，人類不需要依賴單純的聯合才能生存，此時獲取利益的欲望油然而生，進而也就出現了強制性的「人本管理」。

借鑑歷史的「輪迴法則」

以上我們透過兩個事例來說明「輪迴法則」所產生的現象以及帶給我們的寓意。進一步展開，我們可以結合企業的發展過程用「分久必合，合久必分」的「輪迴」現象應對企業發展中都會遇到的多元化與專業化的問題。

多元化與專業化的「輪迴法則」

在歷史發展的長河中，朝代更迭的同時衍生出一個現象：分久必合，合久必分。

既然存在這種「輪迴」現象，結合企業，就完全可以正視發展過程中的多元化還是專業化的問題，而不是一味地討論「將雞蛋放在一個籃子裡好還是放在幾個籃子好」。任何一個企業發展到擁有一定的資金、技術、市場、管理或是人才能力的同時都不可避免要遇到專業化還是多元化發展的問題。對企業是否要專業化或是多元化其實沒有必要進行肯定或是否定。眾所周知，不論企業進行多元化發展還是穩固專業化的優勢都是由企業所處的經濟環境決定的，當然也不否認管理者的決策作用。很多企業經由專業化發展壯大的過程中涉足多元化，而後根據企業發展的狀況又選擇了專業化發展，而有些企業卻恰恰相反。

創立於 1984 年的 L 公司自 1997 年以來，連續 7 年在亞洲市場保持 PC 領先地位。在穩固專業化的 PC 優勢的同時，又將自己的業務拓展到手機、網際網路及 IT 服務領域。但事與願違，經過市場陣痛後，L 公司將網際網路及 IT 服務轉讓，繼續保留手機業務，並再次將業務策略重新調整到主業 PC 上，重回專業化發展之路。收購 IBM 全球桌上型電腦和平板電腦業務，與 IBM 組成策略聯盟更加確立公司未來的 PC 策略發展方向。

第二章　傳統管理以及管理失誤

　　與 L 公司相比，H 公司在經歷專業化發展的歷練後走上了多元化發展之路，這一點從 H 公司規劃的策略發展階段就可以看出端倪。

　　按照策略規畫，其策略分為 3 個階段，第一階段是 1984～1991 年期間的名牌發展策略，只做冰箱一種產品，經過 7 年時間的發展，逐漸建立起品牌的聲譽與信用；第二階段是 1991～1998 年期間的多元化產品策略，從冰箱到冷氣、冷櫃、洗衣機、彩色電視機，建立自己的重要家電產品線「王國」；第三階段是從 1998 年到迄今的國際化策略發展階段，H 公司將發展的觸角延展到海外，走國際化品牌發展之路。

　　H 公司在發展具有相關係數的多元化家電產品的同時也進入到多元化的產業發展。儘管在諸如生物製藥、電腦等領域的發展不盡人意，但這並不影響其堅定發展多元化產業的信心。事實已經證明，經過進一步調整，H 公司的相關產業正逐漸步入正軌，企業多元化產業發展格局已經形成，依託品牌的影響力，市場運作能力得到明顯改觀。

　　任何一個企業在發展的過程中都不可能一帆風順，經歷專業化與多元化的發展已成為必然。對於企業的專業化還是多元化我們已經不能簡單的用對和錯加以判斷，更多的還是應該透過規律來判斷，掌握企業未來的發展方向，做到心中有數、遊刃有餘。就像「分久必合、合久必分」的歷史發展規律一樣，企業若能參透其中的「輪迴法則」，有選擇地借鑑發展的因果規律，再結合自己的發展情況，就有可能「事半功倍」的做到「超前一步」。

第三波

　　預知未來對人生也好，對企業發展也好，都具有積極的意義。看看現代社會，能在先於別人預測到機會並抓住機會發展而成功的大有人在。房地產或者是汽車行業雖然起步的時間很早，但近幾年的快速發展似乎有些始料不及，先進入者自然是大獲全勝。那些提前預測到發展變化的人自然走在了前面，成為新時代的跟風者。可見，每一次的變化都會帶來某種變化，先人一步就會增加勝算的可能性。

　　作為普通人，不要期望能夠成為先知先覺的大師，沒有任何人能準確地預知未來，但掌握未來的發展方向卻可能做到。未來學家艾文・托佛勒（Alvin Toffler）在他的著作《第三波》（*The Third Wave*）中就提到了這一點，能及時捕捉書中提到對未來的設想的人自然就成了「走在時代前端的人。」在這本書裡，內容涉及到社會發展的多方面：文化、傳媒、組織、科學、電腦、政治和經濟等等。對所涉及到的領域內容都是為了一個目的，那就是準確地判斷未來的發展趨勢。透過對歷史的研究，作者提出人類社會發展的 3 次浪潮理論。

　　具體而言：第一次浪潮源於人類的農業化生產的開始。人類脫離游牧的生活，定居下來，開始發展城鎮和自己的文化。同時，人類學會了播種、培育農作物的生長，農業時代來臨；第二次浪潮則始於 18 世紀，伴隨著人類的大規模工業化革命而開始。大量從事農業生產的人湧入城市，傳統自給自足的農業模式被打破，商業意識出現；而第三波就是現在的資訊變革的時代，也就是資訊時代。資訊科技和社會需求成為

第二章　傳統管理以及管理失誤

它發展的強大動力,全球化漸行漸進,人們打破國界,尋求更具發展的合作。

　　第三波表面上看起來並沒有為我們直接帶來財富,但作者以他對歷史研究的結果勾勒出未來的社會輪廓,指明未來發展的方向。對於那些後來的人能提前領悟到這種未來發展的規律並做到適時借鑑與改變,從而在發展的道路上少走彎路,那麼實現自身價值的機會就來臨了。正如本章描述的主題那樣,現代社會中的我們更應該學會如何利用歷史,滿足所需、創造價值。正如馬克‧吐溫(Mark Twain)曾經說過的一句話:「歷史不會重複自己,但是它重複自己的規律。」

幾種常見的管理失誤

　　管理無定式，不同的管理模式和方法均有它不同的效果空間，而所謂效果好壞的關鍵就在於它的適用性。也正因為如此，大多管理者都會強調其採用的管理是結合自身管理特點的，並有一定的實效性。但在實際的企業管理過程中，管理也存在種種與預期不符的地方，管理似乎總是和管理者「做對」，怎樣都達不到管理者希望它應該達到的效果。看來，管理者和管理工作之間存在著一定的分歧，而這種分歧顯然就是管理者對待管理的失誤。進一步說，從管理者的角度看，管理者並沒有充分地領悟甚至是了解管理；而從管理的角度看，儘管模式不同、方法和手段不同，但從適應性方面整合地借鑑，管理仍有可取之處。

　　事實上，管理失誤的存在是管理發展過程中的一個必然的現象。就如事物都存在一個發展、成熟的規律一樣，管理也是如此。管理始終是處於一個完善和創新的狀態。管理漸進的這個特點，在客觀上注定了管理失誤的存在。客觀存在的因素透過人為的努力很難改變，它需要一個過程。相反，主觀上對於管理失誤卻可以透過自身的調整加以避免。比如管理者透過學習、實踐建立起對管理的真正理解，而不僅僅是把以自我為中心的主觀意識強加給管理，事實上很多人為的管理失誤均來自於此。不可否認，管理者之所以稱為管理者，自身自然有很多優秀的地方。但也正是這些優勢在某種程度上桎梏了管理者的「開放性」。管理者通常會依照這些優勢展開管理，而不注重與外部環境的結合。比如有的民營企業，在完成了原始創業的階段後，邁向企業化發展的過程中，儘管環境變了，但管理的方式依然不變，強制管理還是企業管理的主流，

第二章　傳統管理以及管理失誤

這種管理在面對更多的新加入員工的時候顯然行不通。如果管理者還是自詡以自我為中心的管理，那麼管理必然會走入失誤，而且「越陷越深」。

管理的失誤即管理者常犯的錯，也就是管理者的某些片面的或是不完善之處。對於這些「錯誤」，我們不傾向於「一竿子打翻」，畢竟某些「錯誤」還是有它生存的空間。我們提出這些「錯誤」只是想透過對「錯誤」做法的闡述來建立起相對客觀、科學的認知，從而避免再犯同樣的錯。

企業在經營管理的過程中都存在各種管理失誤，比如糖飴與鞭、結果管理、員工的自覺、事必躬親、複雜的績效等等。以上種種管理失誤在一部分企業中可謂「屢見不鮮」，而且也將管理弄得日趨複雜。其實，我們完全可以透過一系列的措施來跨越一些管理失誤。

複雜的績效

在我做顧問工作的過程中，內容有很大一部分是關於薪酬設計與績效考核的。對此，很多客戶都希望能夠建立一套科學的體系以解決諸如員工積極性、工作與能力相結合等問題。再進一步，客戶希望這套體系能夠展現出公平、合理、鮮明的特點，讓企業與員工都能滿意。基於此，客戶認可的體系是越完善越好。其實，薪酬與績效本應是人力資源工作的一個工具，做這項工作的最終目的還是要服務於企業的發展，而企業發展的關鍵離不開時時刻刻需要的人。因而，所謂的薪酬與績效是服務於企業的發展和員工的成長，任何背離此原則的薪酬和績效都不會產生效果。

既然如此，企業該如何創新薪酬與績效體系，如何能讓它有價值？跳出複雜的陷阱，我們來看看是否還有更有效的做法。

企業的發展離不開人，依靠人的主觀能動性發展企業是企業管理者管理的根本。從人力資本的角度來看，薪酬與績效也可以從人與成本的關係來制定。簡單來說，企業可以把薪酬與績效歸結為3個方面：資本、行為、權益。企業管理涉及到行為，而行為就會產生增值和減值。員工在企業中工作的行為必然增加了企業的成本，造成了資本的減值（辦公資源的消耗等）；而透過社會性行為則可以產生資本的增值（獲取訂單等），增值與減值的差就是收益。這種收益可以在企業員工參與企業管理之前和企業進行收益約定分配。按這種想法設計薪酬與績效，企業為員工提供一個平臺，員工可以從「為自己做事」的角度工作，產生的效果自然好得多。當然，這種薪酬與績效設計的前提應該是建立在企業與員工間充分溝通的基礎上，提前設定行為和權益規定。

結果管理

企業發展到一定階段，管理者將更多的工作放在企業規劃與全面性掌控上，而許多無形的工作就要由中層的執行人員來完成。當管理者對每一項工作過程不能全程控制的時候，可能最好的辦法就是透過充分地授權來索取結果。這種管理方式就稱之為結果管理，也就是管理者對下屬的工作過程不去過多干涉，而是強調結果的重要性。在某種情況下，結果管理的確會增加管理的效果。一方面，管理者充分地信任下屬，放手讓下屬工作，調動大家的工作積極性；另一方面，管理者可以更好地整合管理的資源，用最小的資源得到最大的管理結果。

不可否認，結果管理可以減輕管理者的管理負擔，讓管理者騰出更

多的時間去思考管理的發展方向。但同時結果管理也會面對一個現實的困惑：管理者只注重結果，過程是否也考慮到了；得來的結果是否建立在浪費過程的基礎上。比如對銷售人員的結果管理，單純追求月度銷售額的結果是否考慮到其他方面，如終端、物流、人際關係等。很多時候，管理者會發現，個別銷售人員連續幾個月銷售額均有上升，在進行獎勵後反而導致銷售額的大幅下滑。其實造成這種情況的原因也許就是銷售人員片面地追求獎勵而忽視市場工作建設，甚至是虛報帳售額。可見，管理注重結果是必須的，沒有結果，工作也就失去了價值。但過程同樣重要，沒有建立在過程控制基礎上的結果是缺乏價值的，不是管理的目的所在。對管理來說，做一件事強調結果，更強調建立在一定規則基礎上的結果。

公司家庭化

所謂公司家庭化就是指在一個公司內部，雖然有相對的職稱、職務區別，但更多的員工相互間還是會「稱兄道弟」，把家庭裡的諸多稱呼帶到工作中來。對此，很多公司或是員工並未在意，他們認為這表現出公司一種親和的工作氛圍。在這樣的公司裡，很多的稱呼都局限在「兄弟姐妹」之間。公司的員工有的可能年資長、年紀大，他們自然就成了新員工或是年輕員工的「兄」或「姐」。一時間，公司裡瀰漫著 X 哥 X 姐的稱號，大家工作起來看似融洽自然。

但是，畢竟公司不同於家庭。公司作為一個組織的存在是為了逐利，公司、員工都有不同的利益需求。為了實現各自的利益，大家走到了一起。很顯然，只要一涉及到利益，考慮的出發點都是自我，這與家庭倫理化的利益連結是不同的，作為公司也不能要求員工具備像一家人

那樣親情、奉獻的精神。說到這，我們的出發點是不贊成公司家庭化的行為，但並不否認公司員工在工作的過程中要表現出的團隊精神。

團隊合作與公司家庭化截然不同。作為一個團隊，圍繞著共同的目標展開工作，其間表現出支持、尊重、信任、溝通、合作。團隊成員在團隊中臺，充分發揮各自的優勢合力完成既定的目標。這一點不同於公司家庭化的那種工作方式，畢竟「清官難斷家務事」，既然「稱兄道弟」了，工作中是不是就能「手下留情」呢？

其實，也不能完全否認公司家庭化，重要的是，在一個公司裡，儘管各自的利益點不同，但為了實現更大的共同利益，大家明確的關係就顯得尤為重要。這就好比是「親兄弟，明算帳」，關係明確工作就好執行。在關係確立之後，成員之間產生行為的前提應該是工作而不是人。圍繞著工作，不同的關係資源可以參與，完成工作也可以獲得自己參與應得的那份利益。這裡說的對工作而不是對人其實也好理解，事實已經證明，根據發展的需求設定職位，再根據職位的具體要求選擇有能力的人來勝任，才能促進管理產生更大的價值。

避談經濟利益

「人為財死，鳥為食亡」這句話不見得片面。雖然人類社會的發展已經進入到一個追求自我實現價值的階段，但人類對利益的追求仍是放在首位。不同的人，利益追求點也不盡相同。從企業的實際考慮，絕大部分員工還是非常看重自己是否能得到利益，特別是經濟利益。我們說過，企業的存在就是要得到大的經濟利益。很多企業在這樣做的同時反而忽略了員工的經濟利益。為了實現企業的利益，有的企業採用不正當的手段侵占員工利益；有的企業希望寄予企業文化的力量，為員工做遠

景規畫。其實,如果企業沒有兌現員工現實的經濟利益,談其他的都是徒勞無益的。

　　記得高盛公司的文化理念中關於經濟利益有這樣的說法:利潤分享。員工的行為為公司創造了利益,公司也應該將員工所得的利益奉獻出來,而不是一味的承諾或是誘騙。比如做一個專案,管理者為了專案的利益需要一個團隊來支持。如果靠承諾或是關係維持而不是確立團隊成員的利益收穫,可以知道這個專案很難開始,即使開始也不盡理想。很簡單,團隊成員沒有利益獲得的預期,很難想像大家會依賴精神或是關係而主動工作。所以,與其考慮精神、文化、管理等因素不如從實際的利益出發。給予別人利益,自己自然也就實現了對利益的追求。

戰戰兢兢，如履薄冰

處處存在管理的失誤，而且讓管理者防不勝防。這就好比是我們走在地雷區一樣，處處都充滿著意想不到的危險，一不小心就會踩到地雷。

L公司的執行長在評價企業的發展過程有過一句話：永遠戰戰兢兢，永遠如履薄冰。在企業面對內外環境變化時，企業的管理者始終要保持一個清晰的頭腦，隨時接受外來機會與誘惑的挑戰。對於這句話，我們也可以用來形容管理者在面對眾多管理失誤時的心態。的確，管理不是一成不變的，也沒有一個固定的模式，管理者隨時都要面對管理的選擇。企業走在管理失誤的冰面上，一不小心就有滑倒的可能。

管理者在面對管理失誤的時候會產生困惑：到底該如何走過管理的失誤、如何管理呢？困惑的同時，我們提倡管理者能夠有「戰戰兢兢，如履薄冰」的狀態與心態。一方面，不否認管理失誤的存在；另一方面，避免管理的失誤。管理失誤的存在是管理發展的正常現象，當管理者能夠正視這些困惑，積極尋求最佳解決問題的出路的時候，管理失誤也能向好的一面改善。此外，當管理者遇到管理失誤的時候，應該避免出現這樣一種情形：手裡拿著錘子，看見釘子就想敲一下。錘子要釘釘子，腦子裡想著釘子，只要眼睛看到釘子就想敲。引申到管理者，在面對管理失誤的時候不要出現只要看到釘子就不加思索地用錘子釘釘子的情形。如果管理者主觀地認為自己的管理有問題，進而盲目地引進與改正，就會出現適得其反的效果。

第二章　傳統管理以及管理失誤

面對管理，我們用「戰戰兢兢，如履薄冰」來形容，這可以讓管理者在管理的時候保持一個清晰的頭腦。在此基礎上，管理者在應對管理失誤的同時應該盡量避免盲目，從而降低管理資源的浪費。任何一種管理的選擇都有其針對性，當然也是要付出成本的；同樣，當管理陷入失誤並在解決和改善的時候也需要資源的付出。當管理者需要對管理作出徹底變革的時候，資源調整的幅度會更大，一旦盲目後果會不堪設想。因而，避免管理的「傷筋動骨」，又能從管理失誤中抽身而退才真正是管理者的明智舉動。

如何面對管理失誤

世界上有很多成功的企業都有其自身成功的原因，在這些成功的企業之中，不論是獨創的個人桌面作業系統還是低價策略以及大品牌策略等都可以看成是它們成功的要因。除此之外，我們還可以將這些成功企業的成功因素整合考慮，不難發現，儘管原因不同，但都可以歸結於管理。正是因為這些企業在管理上的獨到之處，才最終促使企業始終保持一個穩定、高速的發展態勢。

一般來說，企業的發展離不開人，特別是一些優秀的人才。但是，企業的發展更是來自於人的行為，而行為能力在一定程度上決定了企業的成敗。如何讓員工的行為能力最大化地發揮，從而轉化為企業發展的推動力則是透過管理來實現的。可見，企業能夠持續發展、邁向成功的決定性因素還是管理。既然管理在企業發展的過程中處於重要的地位，那麼，管理者必然就會重點考慮與管理有關的事務，比如現在的管理能力、如何有效地管理員工、如何進行管理創新、如何選擇合適的管理模式和工具等等。

眾所周知，管理發展到今天，形成一定體系的管理就有一百多種，如何在諸多的管理體系中選擇能為自己所用的管理就成為必然。既然是選擇或是比較與借鑑，管理者注定就會產生一些困惑甚至是失誤。走一條管理捷徑顯然要比盲目地選擇更有機會成功。

有想法固然是好，但更重要的是將想法付諸於實際，畢竟任何的想法只有透過實踐的檢驗才能知道是否可行，是否能實現。當管理者面對管理困惑的時候，採用的處理方法或許有很多，但解決問題的根本想必還是要透過提升管理素養，強化管理創新來衝破迷霧，輕鬆實現管理。

提升管理素養，強化管理創新

作管理，管理者自身的素養一定要良好；其次，管理過程中具備創新精神和能力也是管理成功不可或缺的因素。管理者的管理素養是能否提高管理水準和效率的前提和基礎。這裡提及的管理素養並非單純地指教育水準、經歷、背景等指標，它更是一個人的綜合效能力的表現。這就好比是從很多細節之處能看出一個國家國民的素養程度如何，像是如廁後及時沖水、過馬路主動遵守交通規則等等。說到管理創新，可是一個企業管理永恆的主題。任何一個企業的發展和成熟均離不開創新。沒有創新，企業就會停在原地，失去掌握發展方向的能力和成長的動力。企業提倡與時俱進，和時代環境融合，創新就是最好的跟進與結合的手段。

強化管理創新的前提首先還是要在觀念上做到自我調整、與時俱進。觀念的意義就像本書闡述的主題：管理是觀念與工具的平衡。觀念自始至終都是管理能否成功的前提和基礎。那種期待「短、平、快」的管理方式來實現既定目標在現在的社會環境中很難得以持續。觀念上做

到不保守、不自以為是、不牴觸，利用資源整合的能力做到觀念上的更新，從而最大限度地發揮憑藉管理實現目標的能力。

　　企業將提升管理素養和強化管理創新結合，並將這種思考用於企業的發展過程中，產生的效果的確是不可估量。

管理轉了一圈又回到原地

　　世間萬物的發展沒有一成不變的，但也會遵循一定的規律。人類社會的發展經歷了適應自然、改造自然的過程；管理的發展同樣也經歷了從模糊到了解、到運用的過程。具體將人的行為與管理結合在一起考慮還是來自於對管理學的深入研究。研究得越深入、越完善，管理促進人類行為的作用也就越來越明顯，它已經成為人類改造自然、創造歷史的強而有力工具。正是藉助於管理的力量，人類社會在短短的百年時間裡取得了不可思議的進步。

　　管理的促進作用不言而喻。沒有管理的進步，很難想像人類在資訊化社會的今天的所作所為。就像電腦技術的進步，帶給人類社會前所未有的便捷的網路空間。但現實的問題是，人類在充分享受資訊化技術的今天，也不得不面對日趨複雜的網路生活。甚至有過預言：網路技術發展到極致也就是人類社會崩潰的開始。儘管這樣說有些危言聳聽，但在資訊科技完全融入人類生活的今天，一旦全球網路崩潰，人類將變得寸步難行。

　　其實，管理也類似於此。管理這棵大樹越來越茂盛，可借鑑的管理就會越來越多，選擇與比較就成為一個艱難的過程。對此，作為一名顧問，因為接觸的管理者來自於不同行業、不同背景、不同層次，因而對管理的認知也是不盡相同。一般說來，市場經濟下的企業管理者都有不同程度的「自負」，也就是將在某種特定背景下的成功作為一種資本，主觀上會有意無意對外來的觀念或是做法產生牴觸。現實來講，任何一

第二章　傳統管理以及管理失誤

個企業能夠在如此激烈的市場環境中生存，進而有好的業績，這就足以證明企業具有一定的優勢所在，比如技術、市場運作、資源整合、人員等。所有這些優勢在某種程度上促進了企業的發展，但我們也知道「明天的市場更殘酷」，所有的優勢只能證明今天的成功，一旦環境發生變化，這些優勢是否能夠可持續地運用呢？事實證明，有些企業會面臨「曇花一現」的可能，抱著昨天成功的優勢不放，失去了持續發展的機會。將眾多因素整合起來，我們基本上還是可以從管理的角度來考慮。「自負」的反面就是「自以為是」。管理既然沒有固定模式，那麼就應該用聯想的思考方式看待管理。針對自身管理的現狀看看學術上的、甚至是成功企業的管理能否有選擇性的借鑑或是「複製」。在企業生存大環境一致的前提下，不同行業甚至是競爭對手有效的管理方式都可以「拿來」用，透過消化吸收變成自身的優勢所在。

在面對管理日益豐富、門類眾多的今天，我們提倡管理者主動地選擇借鑑，應該是一個明智的做法。其實，如何做還是有很大的區別，可能有的企業走得比較順，有的企業在管理上就會走些彎路。那麼，說到管理，想必還是要從本質的角度考慮。我們關於管理的本質已經提到觀念與工具的平衡，在這裡就不過多地闡述。這裡，我們想從另外一個角度看管理，也就是透過事物的一般發展規律說明現實中的管理。

資訊時代的一個顯著特點就是變化特別快，技術在變、觀念在變、環境在變，對此我們曾經有一句話來形容：唯一不變的就是變化。當然，在面對這些突如其來的變化時，我們也可以用一句話來應對：以不變應萬變。其實，這也道出了事物的一個發展規律，萬變不離其中。將這一個規律引申到管理，我們可以這樣理解：管理無論怎樣發展，都離不開基本的規律，也就是管理的內涵、本質是相對固定的。不管是處於狩獵

的生活方式的早期人類,還是現在透過技術更新實現管理的現代社會,二者都有一個共同的特點,那就是透過管理(多人或單人的方式)實現目的。不論是遠古還是現代社會,無論技術如何進步、人的素養如何提高,圍繞著管理都是要將這些因素作為推動目的實現的「助推器」。

既然管理回到了原地,我們還是希望尋找一種通用的管理觀念或是工具來實現管理。前面,關於管理我們多次提到了複雜性、多樣性,而且背景不同等原因也會造成管理的諸多失誤。綜合以上所有認知,我們可以這樣考慮:既然管理是為實現目的服務的,為何不用最小的代價實現管理。這就好比是一道算術題,「1+1=?」其實,這是一道再簡單不過的題了。但是,在現實中「1+1=?」有不同的答案,「1+1=0」、「1+1=3」,甚至可以等於其他任何數。至於每個答案,因其考慮的角度不同結果自然不同。其實,對於「1+1=?」討論結果沒有必要;相反,按照既定的目標說它等於幾那就是幾。這樣做可以避免無謂的爭論,過程與結果都變得非常簡單。透過這樣一個例子,不難發現,圍繞管理的最終目的,按簡單的想法去做應該是一種實現管理的最佳方式之一。從簡單的角度出發,一切的工作從簡,用最小的資源實現設定的目標,讓管理發揮它最大的力量,從而實現管理的價值。

第二章　傳統管理以及管理失誤

第三章

簡單管理需要的智慧

我們知道，如果把一塊蛋糕分成 4 份，那麼這 4 份蛋糕再合在一起，就是整塊蛋糕，就是說，部分相加等於整體。這從數學上顯而易見。因此，西方的結構心理學（Structural Psychology）總是把心理活動分割成一個個獨立的元素進行研究。

但是另一個重要的心理學派別——格式塔學派（Gestalttheorie）卻不這樣看。它提出了相反的觀點，認為「部分相加不等於整體，整體大於部分之和」，這叫做「格式塔定律」。因為格式塔學派認為，人對事物的認知具有整體性，心理和意識並不等於感覺元素的機械總和，因此主張從整體的角度來研究整個心理現象以及心理過程。

管理者要有全面性眼光

格式塔定律在心理學領域的影響很大。它能夠幫助我們從整體去理解事物，避免「只見樹木，不見森林」的片面性的錯誤。「格式塔定律」對管理者有幾個有益的啟示。

第一個啟示是，管理者要學會系統化思考，盡量從事情的整體去考察，避免「只見樹木，不見森林」的片面性思考，這樣考察問題才不會有所遺漏。當然，事物的整體並不總是自動顯現在我們眼前，因此有時需要我們做一些整理工作，才能把單一的事項串聯成一個整體。我們可以用「系統樹」的方式，把整體的關係做成「樹」狀分布，而使所有的關係一目了然。

比如在我們擬定一項計畫的時候，可以先想想：什麼是非做不可的？接著：需要多少人手？多少器材？多少預算？然後：決定如何保有必要的人手和器材？怎樣和經理交涉，以獲得足夠的預算？人手如果不夠，是否需要僱傭兼職人員？如何聘僱？……這樣，把每一個環節列為工作的「分支」，然後掌握全盤狀況然後，再考慮：在推行計畫時會遇到什麼問題？該如何處理？等等。這樣設想，整個工作計畫就比較容易完成。

美國「阿波羅登月計畫」十分龐大，涉及到42萬人，幾百家公司，120多所大學，而由於通盤謀劃，該項計畫成功實現載人登月的目的。

這個計畫，如果沒有系統化的思考與管理，是不可想像的。

在生活中，由於缺乏整體性思考而導致失誤的情況屢見不鮮。

我們經常看到，有些地方由於市政建設考慮不周，在馬路上造成「建好又挖」、「挖了再挖」的混亂狀況。才剛修好的馬路，因鋪設下水道，只好又重新挖開，使新路面出現不應有的「傷疤」，可是不久又因要埋電纜、鋪煤氣管……一次又一次地挖了填，填了挖，結果好端端的路面被弄得凹凸不平。

某汽車廠曾新建一間工廠，因為缺乏全面考慮，忽略了塑膠品必須在15℃～20℃的環境下安裝，因而沒有將工廠設計成恆溫工廠。結果建成後，該工廠在冬季生產時困難不少，而且帶來了裝配品質下降等問題。

這些例子都提醒我們：「通盤謀劃」、「系統思考」是多麼重要，它可以避免許多彎路。運用通盤謀劃思考法，就是要避免「走一步算一步」的思考習慣，同時也避免「頭痛醫頭，腳痛醫腳」的做法。

格式塔定律給管理者的第二個啟示是：只有全面地考察事情，才能抓住事情的重點和大局。

管理者應站在組織發展的大局來思考問題。一個國家的領導者，總是站在國家發展的大局上來考慮問題，考慮關係國計民生的重大問題；一個企業的領導人，也總是把關乎企業發展的長遠策略規畫時刻掛在心上。古云：「不謀全局者不足謀一域。」管理者在領導活動中不能局限於枝微末節，要學會抓關鍵，抓策略，要學會站在長遠的組織大局上來思考問題。全面性意識、大局觀念是管理者必備的抗壓性之一。

管理者要對本組織的內外環境有一個清醒的認知，對組織外部的各種社會關係、相對於競爭對手的優勢和劣勢等，組織內部各單位之間、各業務之間的關係、組織架構、制度體系等，都要徹底理解。這樣管理者在決策時，才能有系統的來考慮決策問題，才能夠有利於而不是有損於組織發展的大局。

第三章　簡單管理需要的智慧

　　非高級管理者，如企業的主管，也應該懷有大局意識。擔任主管意味著必須重新界定做事的方法，設立新的目標。主管必須使部門目標落實成可替公司帶來利潤的成果，而不是整日解決無止境的瑣碎細節。問題是，很多新上任的主管，往往無法從過去掌握細節的工作習慣，跳到高階職位，從全面性來看公司的營運大局。因此，很多主管往往部門績效不佳，甚至拖累公司財務，最後才在公司組織重整之際解除職務。

　　第三個啟示是，管理者應學會從整體的觀點出發，把思考對象看作是由若干部分構成的有機整體，從整體與部分、部分與部分、整體與環境的相互連結和作用中了解事物，找到解決問題的恰當辦法。就是說，不能只看到各個組成部分的優劣，還要巧妙地利用各個部分之間的連結，來提高整體效能。

　　前蘇聯以前研製的米格25型飛機，許多零件並不先進，但整體效能卻是當時世界第一的。這和前蘇聯飛機設計師成功地著眼系統，堅持整體原則是分不開的。

　　在管理工作中，管理者應明白：集體的力量並不等於個體力量的簡單相加，它還取決於集體中個體之間具有怎樣的連結。拿破崙曾有一段關於騎兵的論述，揭示了這個道理：「兩個馬木路克兵（最強悍的騎兵）可以對付3個法國兵，因為他們有好馬，擅長騎術並且武器完備。但是，100名法國騎兵就不怕100名馬木路克兵，1,000名法國騎兵則能擊潰1,500名馬木路克兵。」就是說，馬木路克兵的單個作戰能力雖然比法國兵強，但組合起來作戰時，卻不如法國兵，因為「戰術、隊形和機動性所能起的作用多麼大呀！」（拿破崙語）集團軍的戰術、隊形和機動性產生了一種新的力量，這是與集體、集團如何組合直接關聯的。

管理者要有全面性眼光

可見,對於任何集體來說,其力量的大小不僅取決於它每個成員的力量大小,還取決於它的管理者怎樣組織這個集體、它的成員之間具有怎樣的連結、它的凝聚力如何等。組織得好,可以產生「1+1>2」的效果,反之,則會產生「1+1<2」的效果。這是管理者必須加以重視的。

情緒不好時，不要做決策

決策與管理者的認知能力是緊密相關的，高智商的管理者所做出的決策往往是相當成功的。另一方面，心理學研究顯示：在決策中，除了智商的作用，情商即控制自己情緒的能力，也是不可忽視的因素。

心理學家發現，情緒會滲透管理者的思維過程，影響其決斷。人在亢奮狀態下，思維最活躍並富有成效；反之，當人的情緒處於低落狀態，智商就無法正常發揮。因此，懂得調節和駕馭情緒，也是管理者做好決策的先決條件。

奧斯特瓦爾德是德國著名的化學家。有一天，他由於牙齒痛，疼痛難忍，心情很糟。他走到書桌前，拿起一位不知名青年寄來的稿件，粗略看了一下，覺得滿紙都是奇談怪論，順手就把這篇論文丟進了垃圾桶。

幾天以後，他的牙齒不痛了，心情也好多了，那篇論文中的一些「奇談怪論」又在他的腦海中閃現。於是，他急忙從垃圾桶裡把它撿出來重讀了一遍，發現這篇論文很有科學價值。在他為作者的新想法驚訝不已的同時，也為自己因心情不好險些埋沒了一篇天才的科學論文而懊悔。於是他馬上寫信給一家科學雜誌，加以推薦。這篇論文發表後，轟動了學術界，該論文的作者後來獲得了諾貝爾獎。

可以想像，如果奧斯特瓦爾德的心情沒有很快好轉，那篇優秀的科學論文的命運恐怕就在垃圾桶裡結束了。

在每個人身上，隨時都可能因為不同心理活動引起不同的行為表現：

它可以使你精神煥發、幹勁倍增,也可以讓你無精打采、萎靡不振;它可以讓你頭腦清醒、冷靜處理各式各樣的問題,也可以讓你暴躁憂慮、在衝動中做出後悔莫及的蠢事;它可以使你安詳從容、坦然自若,也可以使你緊張慌亂、惴惴不安。

一般地說,當人們的需求、願望得到滿足時,就會產生正面、高昂的情緒;相反,當人們的需求、願望得不到滿足時,就會產生負面、低沉的情緒。不好的情緒會使人心情煩躁,拿手頭上的事和身邊的人發洩,把不該搞砸的事情搞砸,待情緒好轉後,自己也會覺得可笑而自責。

據專家分析:當人生氣和情緒特別不好時,體內腎上腺皮質激素分泌是正常時候的五六倍,在這種情況下常常不冷靜、判斷失誤。所以,當心情不好時,最好不要急於做重要的工作。因為心情不好,注意力不集中,積極性不高,做起事情來往往心不在焉,達不到預想的效果,有時還會把事情搞砸。

作為管理者,如果在情緒不佳的情況下處理工作,影響的不僅是個人的聲譽和身體,而且還會影響全面性的工作。尤其是在心情不好時,管理者做出的判斷和決定常會出現很大的偏差。美國企業家利特爾(Arthur D‧Little)曾有過這樣的經歷。

我一個人單獨經營了幾年與化學工業有關的買賣後,原來的積蓄差不多完全都虧空了。我的前途很黯淡,自認為一個人單獨工作是做不好的。當時,我另外還有幾個地方可以去,於是我決定選擇其中的一個。我做出這個決定的時候,正是下午將近黃昏時分。我正忙著收拾東西,遇到以前的老闆,便把自己這種不太好的狀況告訴了他。

「現在天快黑了,我們吃了飯再說吧。」他說。

第三章　簡單管理需要的智慧

　　我和他一起來到了他的一個俱樂部，他點了幾道好菜。然後我們便隨便地閒聊起來，以至於我完全忘記了自己的困難。

　　「喂，你剛才說你的生意做不好了，究竟是怎麼一回事呢？」他忽然插嘴說。

　　「算了，不談了。」我回答道。

　　第二天，我重新回到了辦公室裡。從那以後，我就再也沒有想過要放棄我自己所經營的事業了。有了那次經驗，我便斷定，當人處在情緒不好的狀態中時，是絕對不可做出什麼決定的。因為這種情形足以降低你的精神和自信心。此時你的判斷力是不可靠的，你是戴著有色眼鏡來看世界的。

　　實際上，當你處於暫時的急躁不安時，去決定一件重要事情是愚蠢的。情緒心理學家發現，一個人情緒越是穩定，投注的心思和努力越深，得到的創意和啟發也越多，也就更容易做出正確的決定。

　　創意思考包括兩個不同歷程：一個是創意的點子，它是經過全心努力工作之後，在悠然神馳之中浮現腦海；另一個是思考和驗證的過程，浮現的點子或靈感經過分析和查證之後，確定其正確性與用法。而這兩個心路歷程都建立在良好的情緒基礎上。

　　管理者在決策中的心情是各式各樣的。決策工作和決策行動中出現的各種情況及其進展順利與否，決策內外環境的變化，管理者人際關係狀況及其個人生活中的重大事件等，都能引起管理者的某種心情。

　　當然，心情不佳時，控制自己的情緒衝動並不是容易的事情，我們每個人心中永遠存在著理智與感情的鬥爭。如同所有的習慣一樣，控制衝動也是一種經過訓練而得到的能力。要具備這種能力，有兩個方法：一是必須不斷地分析你的行動可能帶來的長期後果；二是必須不屈不撓

地按照符合你的最大利益的決定去行動。

　　當然，許多時候，我們的心情調節起來也很容易。當你心情不佳時，好好地睡上一覺，用力地吃一頓，到新鮮的空氣中去走一遭，生病時吃點藥、休養一下，然後心情可能就會發生奇妙的變化。這時再去做決定，品質一定大有差別。因為當你擁有一個好心情，你看事物的眼光會很不同。

第三章　簡單管理需要的智慧

管理者要善於應變

在意料之外的緊急情況下，人會產生極度緊張的情緒，心理學上把這叫做「應激」。當情緒處於高度應激狀態時，心率、血壓、肌肉緊張度都會發生顯著的變化，大腦皮層的某一區域高度興奮。在這種情況下，人們可能急中生智，做出平時不能做出的勇敢行為，發揮出巨大的潛能；但另一方面，也可能心緒紊亂，驚慌失措，作出不適當的行為。

從心理學上說，急中生智並不是總能發生的。有的人，急中不但不能生智，反而會嚇得慌了神，反而「不智」了。現代心理學研究發現，急中能否生智，是否有較強的應變能力，取決於3個條件。

一是急中要「冷」，就是冷靜。人越到需要緊急做出決定的時候，思維越容易混亂，甚至思考能力乾脆停止了，這樣哪裡還能生智？其實情況越急，心裡越要不急，才想得出辦法，就是要培養在任何情況下都保持冷靜的抗壓性。二是急中要「變」，也就是善於變向思考。一般的思維在「急中」生不了智，常常是變向思維讓你幡然醒悟。三是要有比較豐富的知識。平時要訓練自己的頭腦，累積豐富的知識，這樣在緊急時刻才有辦法可想。

應變能力，是一種根據不斷發展變化的主客觀條件，隨時調整行為的難能可貴的能力。管理者在工作的過程中，要根據事物的發展變化，審時度勢地做出機智果斷的應變。

百事可樂與可口可樂幾度爭搶霸主地位。但在激烈競爭過程中，一次突發事件險些使百事可樂陷入被擠出市場的危機，這就是「針頭事件」。

管理者要善於應變

久聞百事可樂清新爽口的威廉斯太太從超級市場買了兩罐百事可樂給孩子。回家後，喝完一罐，覺得味道不錯，無意中將罐筒倒扣於桌上，竟然有枚針頭被倒了出來。威廉斯太太大驚失色，立即向新聞界捅出此事。一時間，百事可樂難得有人問津。

百事可樂公司一得到「針頭事件」消息，立即採取措施。一方面透過新聞界向威廉斯太太道歉，並請她講述事件經過，感謝她對百事可樂的信任，感謝她為百事可樂的品質把關，給予威廉斯太太一筆可觀的獎金以示安慰；透過媒介向廣大消費者宣布：誰若在百事可樂中再發現類似問題，必有重獎。另一方面，在生產線上更加嚴格地進行品質檢驗，並請威廉斯太太參觀，使威廉斯太太確信百事可樂品質可靠，並贏得了這位女士的讚揚。

可樂中居然會有針頭，這是百事可樂從未遇到的，是幾乎不可能的事件，並且發生得如此突然，直接影響到公司的信譽和市場占有率及競爭力。這對一家國際知名的飲料企業來說，顯然是一個重大的突發事件，它一下子把百事公司帶到危機的邊緣。這個事件處理得如何直接關係到百事公司在顧客群體中的形象，也直接關係到公司的銷售額。

百事可樂公司獲取「針頭事件」消息後，及時、迅速、果斷地推出上述一系列措施，顯示出極強的應變能力，靈活機動地把決策權極大限度地放到事件現場。根據現場情況變化，進行隨時決策，緩解矛盾，打消消費者的顧慮，刺激消費者的好奇心，不僅沒有使銷量下降，反而讓購買百事可樂的消費者倍增。百事可樂針頭事件的正確處理，充分反映了百事領導層良好的抗壓性。

突發事件的緊急性與破壞性，要求管理者必須採取積極果斷的措施，創造性地處理突發事件。這就需要管理者具有極強的應變能力。心理學家告訴我們，要想在緊急情況下急中生智，不是慌不擇路，而是需

第三章　簡單管理需要的智慧

要：冷靜、變向思考以及平時的知識累積。表現在突發事件中，管理者應該做到：

(1) 當機立斷，迅速控制事態

突發事件的出現，要求管理者立刻做出正確反應並及時控制局勢，否則會擴大突發危機的範圍，甚至可能失去對全面性的控制。因此，管理者已不可能像正常情況下按程式進行決策論證和選優。

突發事件發生後，能否先控制住事態，使其不擴大、不更新、不蔓延，是處理突發事件的關鍵。要達到這個目的，管理者可採用：

①心理控制法。無論哪類突發事件，都會對人們心理產生相當大的衝擊與壓力，使大部分人處於強烈的衝動、焦躁或恐懼之中。所以，管理者首先應控制自己情緒，冷靜沉著。管理者以「冷」對「熱」、以「靜」制「動」，鎮定自若，這樣組織成員的心理壓力就會大大減輕，並能在管理者的引導下恢復理智，有利於突發事件的迅速及時解決。羅斯福總統在應付「珍珠港事件」時的鎮定自若穩定了人心，並使全國上下同仇敵愾，正是運用了心理控制法。

②組織控制法。對於突發事件運用組織控制法，是指在組織內部迅速統一觀點，使大多數人有清醒認知，穩住自己陣腳，以大局為重，避免危機擴大。

(2) 注重效能，標本兼治

正因為處理突發事件的首要目標是迅速果斷行動，控制局勢，這就要求突發事件的決策指向必須針對表象要害問題，達到「立竿見影」的效

果。首先治「標」，為此而採用的決策方式可以是特殊的；在治「標」基礎上，才能謀求治「本」之道。

(3) 打破常規，敢冒風險

由於突發事件前途撲朔迷離，團隊猶如處於瞬息萬變戰場的軍隊，需要強制性的統一指揮和力量凝聚。同時，在突發事件決策時效性要求和資訊匱乏條件下，任何的決策分歧都會產生嚴重的後果。所以，對突發事件的處理需要靈活，要改變正常情況下的行為模式，由管理者最大限度地集中決策使用資源，依決策經驗或採納某建議，迅速做出決策並付諸實施。

(4) 循序漸進，尋求可靠

在處理突發事件時，管理者固然要有冒險精神，但也要傾向於選擇穩妥的階段性控制的決策方案，以保證能控制突發事件的發展。一個人在資訊有限的條件下採用反常規的決策方式，並對決策後果風險進行預測和控制時，需迴避可能造成不必要變動的方案，同時注意克服急於求成的情緒。因為突發事件的表象固然可以迅速得到控制，但其根本的處理則需要在表象得到控制的階段上進一步決策。

第三章　簡單管理需要的智慧

別讓過去影響現在的決策

在投資心理學中,「沉沒成本」是一個非常有用的概念,指已經發生或承諾、無法回收的成本支出,如因失誤造成的不可收回的投資。沉沒成本是一種歷史成本,對現有決策而言是不可控成本,不會影響當前行為或未來決策。從這個意義上說,在投資決策時應盡量排除沉沒成本的干擾。但事實上,人們在對未來的事情做決策時,通常都會考慮之前的投入,這個行為被稱為「沉沒成本效應」。

人們在做決定時,總是習慣於證明以前的選擇是正確的,即使以往的選擇有明顯的錯誤。這種過去的選擇及為之付出的努力,就成為「沉沒成本」。其實人們如果進行理性的思考,應該能明白沉沒成本與現在並不相干,但大多數人卻不能擺脫它帶來的心理折磨,導致做出錯誤的決策。例如,人們會拒絕出售已經虧本的股票,而放棄其他更有機會的投資選擇。

沉沒成本的問題在銀行業是一種普遍存在的現象,並且帶來嚴重的後果。當一個貸款企業的業務陷入困境時,信貸員通常會為該企業提供更多的資金,希望它能夠獲得喘息的機會而恢復生機。如果該企業能夠從困境中走出來,這不失為一次成功的投資;然而,如果失敗了,銀行將失去更多的資金。

管理者在投資時應該注意:如果發現是一項錯誤的投資,就要懸崖勒馬,儘早回頭,切不可因為顧及沉沒成本,錯上加錯。事實上,那種為了追回沉沒成本而繼續追加投資、導致最終損失更多的例子比比皆

別讓過去影響現在的決策

是。許多公司在明知專案前景黯淡的情況下，依然苦苦維持，僅僅是因為他們在該專案上已經投入了大量的資金（沉沒成本）。摩托羅拉公司的銥星專案就是沉沒成本謬誤的一個典型例子。

摩托羅拉為銥星專案投入大量的成本，後來發現該專案並不像當初想像的那樣樂觀。可是，公司的決策者一直覺得已經在該專案上投入了那麼多，不應該半途而廢，所以仍舊苦苦支撐。但是後來事實證明該專案是沒有前途的。最後摩托羅拉公司只能忍痛接受這個事實，徹底結束銥星專案，並為此損失了大量的人力、財力和物力。作為管理者，在管理活動中要注意，不要因為存在沉沒成本而影響了你的理性決策。你僅僅需要考慮某件事情本身的成本和收益，至於以前和這件事情相關的成本，是不應該考慮在內的。英特爾公司就是因為戰勝了「沉沒成本」對決策的干擾，穿越了「死亡之谷」，使企業經歷了成功的策略轉折。

1970年代，由於經營策略的正確，技術上的創新，英特爾公司已經逐步確立自己的地位，幾乎沒有對手。但是1976年3月，日本最大的5家電氣公司的科學研究力量聯合起來，組建起超大規模積體電路研究所，不到4年時間，就取得了巨大成就。調查顯示，美國最好的產品的不良率，竟要比日本最差的產品高出5倍。

1980年代中期，隨著日本公司製造技術的改進和美元匯率的升值，日本的記憶體晶片大量湧入美國市場。迅速吞噬記憶體的市場占有率。1978年時美國產的電腦記憶體產品是日本的3倍，到1985年，形勢完全逆轉，英特爾公司連續虧損，業界都懷疑其能否生存。

公司創始人高登‧摩爾（Gordon Moore）和總裁安德魯‧葛洛夫（Andrew Grove）意識到：繼續下去，公司的全部資產會陷入一場沒有希望的消耗戰中，因而決定從記憶體業務泥潭中撤退。

當然，這不論從業務的角度還是從感情的角度，都是一項困難的決

第三章　簡單管理需要的智慧

策。在所有人的心目中，英特爾就等於記憶體，如果沒有了記憶體業務，英特爾還稱得上是一家公司嗎？但葛洛夫說做就做，他力排眾議，頂著層層壓力，堅決砍掉了記憶體生產，而把微處理器作為新的生產重點，後來，在微處理器方面取得成功。

回首往事，葛洛夫無限感慨：「穿越策略轉捩點為我們設下的死亡之谷，是一個企業組織必須經歷的成長磨難。」

當管理者發現過去的決策有很大缺陷的時候，往往會產生「雞肋情結」——已投入的專案似乎食之無味，但又棄之可惜，陷入騎虎難下的兩難境地，違心地「將錯誤進行到底」，並抱著僥倖試圖挽回投資。這使管理者陷入當局者迷的狀態，所謂「不識廬山真面目，只緣身在此山中」。在這種情況下，管理者可以請局外人或專家站在第三人的客觀公正立場上，重新評估決策方案。管理者也不必耿耿於懷，應將前期投入視為不可挽回的「沉沒成本」，一切著眼於將來的收益、成本，當機立斷，重新決策。

在用人方面，管理者也要提防「沉沒成本」造成用人決策的失誤。

王經理曾擔任一家公司的銷售經理。隨著業務範圍的擴大，他漸漸覺得一個人難以擔當負責銷售的重任，於是打算找一個人來做銷售副經理，幫他分擔重任。

考慮到手下的銷售員水準都相差無幾，如果從內部提拔恐怕會引起其餘人的不滿，王經理想透過外部應徵尋找合適的人選。他心目中的人選應該既有實踐經驗又具備管理能力，最好有同行業的銷售工作經歷。幾經周折後，王經理並沒有找到一個完全符合他心意的候選人，只有張小強勉強符合要求。美中不足的是張小強沒有做過銷售員。考慮再三以後。王經理還是決定僱用張小強擔任業務部副經理，並由他來負責激勵銷售人員。

沒想到，張小強上任不久，王經理就收到來自其他銷售員的不良反應。他們說張小強不懂銷售工作，不體察銷售員的情況，不能勝任副經理的職位。其實王經理本人也發現了張小強工作中的種種問題，主要也是由於他不了解銷售員工作的性質引起的。

此時，王經理陷入了困境，好不容易招來的人，難道就這樣放棄嗎？更何況張小強是自己招來的，如果解僱張小強，那不就等於公開承認自己犯了一個錯嗎？算了，還是讓他繼續留在副經理的位子上，再看看吧。

王經理顯然是陷入了沉沒成本的失誤，既不願意讓之前的精力白費，也不願意承認自己犯的錯，結果讓一個不合適的員工繼續在企業中擔任要職。

其實，人們之所以會陷入沉沒成本失誤中難以自拔，一個很重要的原因就是不願認輸，不願承認自己犯錯。

在決策實踐中，你應該採取以下措施來避開沉沒成本陷阱：如果只是為了維護自尊，那麼就應該勇敢地正面解決它；如果你擔心他人不理解，那麼，將這個可能也納入你的決策過程，考慮好如何向他人解釋你的新選擇；如果擔心你的下屬在工作中存在沉沒成本的問題，可以選擇一個沒有參與過前期決策的人來做新的決定。

第三章　簡單管理需要的智慧

只會隨波逐流，當不了管理者

從眾指個人在社會群體壓力下，放棄自己的意見，轉變原有的態度，採取與大多數人一致的行為，也就是所謂「隨波逐流」、「人云亦云」。

社會心理學家認為，從眾行為是由於在群體一致性的壓力下，個體尋求的一種試圖解除自身與群體之間衝突、增強安全感的手段。實際存在的或頭腦中想像到的壓力，會促使個人產生符合社會或團體要求的行為與態度，使個體不僅在行動上表現出來，而且在信念上也改變了原來的觀點，放棄了原有的意見，從而產生了從眾的行為。

在一個集體做決斷的時候，要避免一種「群體迷思」的現象，就是要避免出現盲目的少數服從多數的現象，因為有時候多數人的意見並不一定是正確的。

美國總統林肯上任後不久，有一次將6個幕僚召集在一起開會。林肯提出一個重要法案，而幕僚們的看法並不統一，於是7個人便熱烈地爭論起來。林肯在仔細聽取其他6個人的意見後，仍感到自己是正確的。在最後決策的時候，6個幕僚一致反對林肯的意見，但林肯仍固執己見，他說：「雖然只有我一個人贊成但我仍要宣布，這個法案通過了。」

表面上看，林肯這種忽視多數人意見的做法似乎獨斷專行，但其實林肯已仔細地了解了其他6個人的看法，並經過深思熟慮，認定自己的方案最為合理。而其他6個人持反對意見，有的人只是人云亦云，根本就沒有認真考慮過這個方案。既然如此，作為管理者，自然應該力排眾

議，堅持己見。因為，所謂討論無非就是從各種不同的意見中選擇出一個最合理的，既然自己的想法是對的，那還有什麼可猶豫的呢？

企業中，經常會遇到這種情況：新的意見和想法一經提出，必定會有反對者。其中有對新意見不甚了解的人，也有為反對而反對的人。一片反對聲中，管理者猶如鶴立雞群，陷於孤立之境。這種時候，管理者不要害怕孤立。對於不了解的人，要懷著熱忱，耐心地向他說明道理，使反對者變成贊成者；對於為反對而反對的人，不管你怎麼說，恐怕他們也不會接受，那麼，就乾脆不要希望他可以贊同。

以拉鍊技術稱霸世界的YKK公司創始人吉田忠雄有很多軼事。其中最有名的就是他對高層會議的多數決議方式表示懷疑，而極力主張多數決議的不合理論。他說：「多數決議形式比較曖昧，一旦有事不知由誰承擔責任。而且，等到全體人員意見一致再付諸實施，就為時已晚了。」他還告誡大家，要領先於其他公司，所提出的計畫首先就應該在會議上讓與會者瞠目結舌。有異議是當然的，「全體通過」的想法才最流於平庸。

其實，一個集體做出決定的，最終是管理者，負責任的也是管理者。管理者雖然應該經常聽取成員意見，但未必一定採納多數意見，而應該「走自己的路」。只要他認為對全體人員會產生有益的結果，就應該做出自己的決定。如果這個決定錯了也必須負起責任。

從眾心理對管理者危害極大，它使管理者在複雜的事件面前喪失決斷能力，錯失處理問題的時機；它是管理者缺乏能力和自信的表現，長期下來，會使管理者的威信減弱。管理者有從眾心理，讓他領導的團體缺乏創新精神，極有可能導致整個事業的失敗，造成不可彌補的損失。

為人尊敬的企業家克勞多·霍普金斯曾經說過：「我經歷過比資金、事業更重大的緊急事件。每當這些事情發生時，常常就只有我獨自一人

面對嚴重的事態。此時必須由我自己下個決斷，這個決斷往往會遭受眾人的反對。在此之前，我曾做過多次嘗試，但每每被友人嘲笑和指責。無論是幸福、金錢、滿足感，甚至最大的勝利，幾乎都是沐浴在全世界的冷嘲熱諷中獲得的。我曾經為了這個現象，嘗試找尋一個合理的解釋。我發現一個總被別人說好的人往往並不是個成功者，因為一個真正達成目標的人，真正獲得幸福的人，甚至真正擁有滿足的人，在這個社會中極少出現。由此看來，有關自己一生的問題，真需要交由社會大眾去決定嗎？」

　　管理者要做到既能虛心聽取不同意見，又不從眾，就必須具有很強的獨立思考能力。關鍵是要有策略思維能力，能夠從大局出發考慮問題，準確找出問題的關鍵，不要被一時的小利益或是一些假象，以及懷有私利的人所矇蔽。

　　獨立思考是一種可貴的精神特質，它表現為不盲從傳統，不人云亦云，而是用審視的態度對待一切，用自己的眼睛看世界，用自己的頭腦想問題，按自己符合規律的理性判斷力行事。只有獨立思考，才能創造性地提出和解決問題，產生新穎、有價值的成果。

　　要培養破除從眾、獨立思考的能力，管理者應該做到以下幾點：

　　(1)建立自信、自強的理念。在複雜的事態面前，面對多數人的同一種觀點和舉動，管理者不可喪失自己的判斷力。

　　(2)遇事能夠冷靜，不衝動，能從正反兩方面全面的考慮問題。

　　(3)善於調查研究，掌握第一手資料，不被一些人的一面之詞迷惑。

　　(4)具有全面性眼光、大局觀念，考慮問題從大局出發、從長遠利益出發，在某些情況下，為了整體的和長遠的利益，要捨棄部分的和暫時的利益。

直覺是管理者的重要能力

直覺是未經邏輯推理的直觀,是一種飛躍式的意識能力,它最基本的功能就是預測事物。比如當你與一個人初次見面時,你就會產生一個直覺:認定這個人值得信任。

直覺是一種心的感知,從表面上看,它沒有邏輯、沒有理由、沒有線索,但事實上它是以已經獲得的知識和累積的經驗為依據。

直覺是一種最自然、受外界環境影響最小的精神現象。在判斷中,直覺預見力往往會在關鍵處發生作用。在某一瞬間,我們能夠意識到某一個啟發或想法的存在,它會突然在我們的腦海裡閃現,不管這些想法是我們渴望很久的還是從未想過的。

很多人的成功,從表面上看來似乎純屬僥倖:時裝設計師能預測下一季的流行趨勢,出版商能預知讀者喜歡讀什麼書,手機廠商能預測什麼款式的手機可能流行……這些商家一次又一次地抓住商機,利用機會獲得成功。其實這並不僅是僥倖,是直覺因素給予他們很大的優勢,他們在直覺提供的訊息基礎上掌握住了可能的機遇。

好的決策者往往發現,直覺對於決策來說非常重要。決策比分析問題更加依賴直覺。決策是把一些經過分析的數據、事實及數字,轉化成一種觀念。儘管各種事實的確是決策者的決策工具,但要注意到事實不能代替直覺。事實本身不能替你做成決策,而且,事實的用處決定於你對它們的了解程度。我們通常所看到的事實,最大的作用並不在於事實本身,而是其中所顯示出的現象,所代表的趨勢、偏向、衝突或機會。

第三章　簡單管理需要的智慧

　　直覺是思想的鼻子,是理性無法超越的更高的理性。在決策中,直覺可以幫助管理者敏銳地發現問題,為創造性地解決問題打開突破口。直覺還可以幫助管理者在眾多的問題中選擇突出的目標,在眾多的靈感中選擇正確的想法,在多種可能性的考察中選擇最佳的方案。它能使管理者在決策中或隨機應變,因事制宜,或審時度勢,以不變應萬變。

　　美國鋼鐵大王安德魯‧卡內基是一位傳奇人物。讓我們看看直覺在他人生決策的時候所起的關鍵作用。

　　西元1861年,在林肯擔任總統後不久,南北戰爭爆發了,當時卡內基正在匹茲堡鐵路管理局擔任副董事長。隨著戰爭的進行,鋼鐵戰艦越來越顯示出它的威力,這使卡內基有一種直覺:鋼鐵時代要來到了。

　　卡內基決定辭去工作,開創自己的事業。他打算做一次旅行,利用這段時間好好思考一下這次人生中的轉變。臨行前,他讓弟弟湯姆創立匹茲堡火車頭公司。由於五大湖的蘇必略湖畔的鐵礦質地優良,卡內基又是其所有人,所以他讓湯姆去管理蘇必略礦山。從此,這裡成為卡內基財富的寶庫。

　　旅行中,卡內基不斷思考:美洲大陸現在是鐵路時代、鋼鐵時代,需要建造鐵橋、火車頭和鋼軌。鋼鐵裡面隱藏著巨大的利潤,鐵路造得越多,對自己越有利。但是要壟斷這些鐵軌和鐵橋的鋼鐵供給,該採取什麼方針呢?

　　在倫敦,卡內基參觀了倫敦鋼鐵研究所,在那裡他了解到鋼比鐵更加堅硬也更加耐用。直覺又一次告訴卡內基,鋼將來必然有利可圖。於是他果斷地買下了道茲兄弟的一項價值至少5,000鎊黃金的關於鍊鋼技術的專利。湯姆儘管認為卡內基過於冒險,但還是認同了他的決定。卡內基回國後,立刻加足馬力,瘋狂地向鋼鐵發起了進攻,從而開創了自己偉大的鋼鐵事業。

從這個事件中，我們可以看出，直覺在卡內基事業中起到的至關重要的作用。

　　好的管理者不僅重視自己直覺的作用，在選拔人才時，也重視人才根據直覺做決策的能力。

　　福特汽車公司為招考經理級人員，在進行面試時設定一個細節：應徵者在把鹽和胡椒撒到食物裡以前，是否先品嘗一下。公司這樣做的理論基礎是：如果先加鹽和胡椒，就表示這種人可能在了解所有的事情以前，便先做出決策，就是具有根據直覺及時地做出決策的習慣。在他們看來，進行決策的態度是否夠快、夠明確，就跟決策結果的好壞一樣重要。

　　當然，直覺不是要取代理性分析，這兩種方法是相輔相成的。在決策開始時可使用直覺，決策者應努力避免系統分析問題，而讓直覺自由發揮，努力產生不尋常的可能性事件，以及形成從過去數據分析和傳統行事方式中一般產生不出的新方案。而決策制定結尾的直覺運用，有賴於確定決策標準及其權重的理性分析，以及制定和評價方案的理性分析。

　　目前，管理者最有可能使用直覺決策的情況有8種：

(1)存在高不確定性時。

(2)極少有先例存在時。

(3)變化難以科學地預測時。

(4)「事實」有限時。

(5)事實不足以明確指明前進道路時。

(6)分析性數據用途不大時。

(7)當需要從存在的幾個可行方案中選擇一個,而每一個的評價都良好時。

(8)時間有限,並且存在提出正確決策的壓力時。

直覺一半是天賦,一半是後天的知識、閱歷、資訊的累積和綜合作用,腹中空空的人是不會有準確直覺的。有的人直覺預測能力非常強,而有的人一輩子也不知直覺為何物。有直覺天賦的領導者,要善於發現、運用和發揮自己的這種難得的能力。那麼,管理者怎樣才能擁有更加準確的直覺呢?

(1)管理者要透過閱讀和交談豐富自己。管理者與不同背景、不同觀點的人打交道,能開闊視野,拓展知識,為大腦注入嶄新的觀念。不要拒絕這些觀念,要打開心門接納它們。

(2)心理學家發現,直覺是以人的頭腦及整個身體為基礎的一種「全身運動」,所以它與人的身體有著很深的關聯。有時候直覺出現失誤,往往是由疲勞、飲食過量及醉酒等微弱的不適與平衡失調造成的,甚至連本人也未必能明顯地察覺。

(3)除身體狀況不佳可以引起直覺紊亂外,精神上的不純正也會導致直覺紊亂。因為直覺是憑心地純正保持安靜而產生的敏銳的智慧火花。如果存有揚名發跡的欲望或者嫉妒他人的想法,則「干擾電波」會增大,直覺就容易失誤──方向感覺的指標如果劇烈擺動,命中率就會大幅度下降。要培養直覺,就要正向地思考、樂觀地思考。恐懼感和挫折感會壓抑這個過程的發展。所以要拋棄負面的念頭,以正面的想法取代。

(4)你的腳步越緩慢、心境越平和,就越能讓直覺發揮作用。如果你的生活繁忙勞碌、混亂無序,你覺得不堪重負,干擾因素過大,就可能淹沒直覺的聲音。外界的噪音很多,例如,電視、收音機或吵鬧的孩

子，容易讓人心煩意亂。有人發現，冥想、瑜伽、太極拳等運動能讓人內心沉靜。管理者可找個適當的時間從噪音中解脫，去思考、冥想。每天空出 10 或 15 分鐘，安靜地思考，能幫你和直覺建立密切的連接。

(5)直覺和其他能力一樣，也可以透過訓練得以提高。平時我們可以經常問自己一些問題，讓自己憑直覺回答，要讓問題簡短、明確。例如，門鈴響了，問問直覺：是誰呢？同樣的，電話響了，也問問直覺。樂此不疲地練習，看看準確度是否提高。再把你問的問題指向更重要的事，例如，「我能得到某公司的職位嗎？」、「我的決策正確嗎？」如果你對閃現的直覺不是很明白，就一直追問，直到搞清為止。

第三章　簡單管理需要的智慧

跳出框框，勇於創新

「心理定勢（mental set）」，就是用過去形成的經驗來衡量新的事物，也就是在認知新的事物時，主觀上已經有一定的定型。

心理定勢對我們做事情既有好處，也有壞處。心理定勢的好處是，在認識事物或從事一項活動時，可以根據過去的經驗，迅速地理解類似的新事物，或者達到自動化和比較熟練的程度，這樣可以節省我們很多精力和時間。另一方面，有時情況發生變化了，新的情況可能需要新的方法來解決，如果我們被定勢思維束縛，拿舊辦法解決新問題，就很容易陷入困境。

在管理工作當中碰到問題時，管理者首先想到的是什麼？很多人想的是：我遇過這樣的問題嗎？如果遇過，當時是怎麼處理的？一些管理者常說：「當初某某市場我們就是這樣做的，這個市場這麼做也一定沒有問題。」這就叫經驗主義，本質就是定勢思維。

因為過於看重和留戀曾經擁有的經驗，也就是說，捨不得忘記和放棄這些經驗曾經帶給自己的一切。

當過去這些東西不能從記憶中消除，那麼任何新的事物、觀點、理念和方法，都會被這些過去的經驗干擾，甚至是遮蔽。經驗主義為什麼影響到行為選擇？因為成功經驗曾帶給個人想要的結果，於是就順理成章地「以為這樣就可以了」。正是這種「以為」，讓人放棄對可能的追尋，也忽視了現實環境與以往情況的差異。但任何結果實現都是以特定的前提為條件的。隨著環境和時間的變化，這些前提可能已經變化或者消

失，那麼曾經的成功也就可能不復存在。

有時候，我們是在逃避，逃避嘗試新事物所帶來的風險和不安，總是在心裡想：這件事情沒有做過，它會帶來什麼樣的結果？過去我曾經成功過，而過去的經驗沒有與新事物相符，於是內心中開始認為新事物不適合。這樣，怎麼能好好地接受、使用新的方法呢？這也就是為什麼兒童學習新的技能要比成人快得多的原因，因為兒童需要忘記的東西與成人比較起來很少，兒童成功的經驗也很少。

失敗的經營者最常見也最危險的特性，就是抗拒改變與拖延創新。他們在面對決定時，往往拿以下的藉口求保持現狀：目前的營運方法既然行得通，何必要改？我們再等一等，看今年的財務狀況如何再說，幹嘛現在改變？而且，他們會不斷開會討論，甚至預言改變可能帶來許多不良後果。在企業內，一個建議討論得愈久，員工的衝勁與好奇心也跟著消耗殆盡，連帶其他部門主管一起捲入這種光說不練的漩渦，最後公司將變成一潭死水。

在管理工作中，必然會遇到一些新問題、新情況。能否打破陳規舊俗和一切束縛人們前進的舊傳統、舊觀念，能否適應新情況、解決新問題，是決定管理者能否客觀有效領導的一個重要問題。具有開拓創新精神是對管理者的基本要求。

管理者要創新，必須擴大視野。一是要突破傳統的狹隘境界，樹立面向現代化、面向世界、面向未來的全新的策略眼光。二是要高瞻遠矚，和因循守舊、思想僵化決裂，勇於進取。

零售業霸主沃爾瑪公司的創立人山姆‧沃爾頓（Samuel Walton），在農村開設折扣店的做法，就展現了這種開拓創新的進取精神。

第三章　簡單管理需要的智慧

　　當沃爾頓與其合夥人已有 15 家富蘭克林 10～50 美分特許商店時，一種新的業態產生了，即在城區出現的早期折扣店。沃爾頓以其獨到的敏銳眼光看到，類似的商店可能在農村和小城鎮市場有發展潛力。但他向合夥人建議在小城鎮創辦折扣店的設想遭到了拒絕。按美國零售業經營常識，在人口不到 5 萬人的小城鎮創辦折扣店是行不通的，但沃爾頓卻以驚人的魄力打破了慣例。1962 年，沃爾頓與其兄弟開設了第一家沃爾瑪折扣店，此後便不斷擴張漸成燎原之勢。

　　當連鎖之風盛行全球，傳統連鎖店將經營、定價、促銷權高度集中在公司一級時，「沃爾瑪」又一次開創性地反其道而行之。沃爾瑪物流管理中心的交叉裝卸法就是將需求控制邏輯倒裝過來，令顧客在其所需的時間和地點拉動產品，從而真正達到最有效地滿足顧客要求。

　　沃爾頓在企業的資訊化方面也走在了同行的前面。沃爾頓早年服役於陸軍情報團的經歷，使其特別重視資訊溝通。事實上，在「沃爾瑪」那個龐大的集團式購銷網路中，以衛星通訊和電腦管理所代表的資訊化高科技聯繫方式有著舉足輕重的作用。1980 年代初，當其他零售商還在煩惱「資訊化」這個問題時，「沃爾瑪」便與休斯公司合作，花費 2,400 萬美元建造了一顆人造衛星，並於 1983 年發射升空和啟用。「沃爾瑪」先後花費 6 億多美元建起了目前的電腦與衛星系統。藉助於這套高科技資訊網路，「沃爾瑪」各部門的溝通、各業務流程都可迅速而準確暢通地執行。

　　那麼，管理者怎樣才能克服定勢思維，培養善於創新的能力呢？管理者的創新品質應該至少包括下面幾個方面：

　　(1)管理者應該具備懷疑心理。管理者要富有懷疑精神，勇於懷疑昨天，善於根據不斷變化的實際情況來改變自己的策略。現在社會上很多事情都被格式化、程式化了，這造成一部分人思維模式定型，思維方式被束縛。再加上管理者可能是社會的菁英分子，都有一定的社會成就

了,他們很容易停留在自己已有的成就上,而不捨得放棄已經落後於時代的東西,因為那是他自己一手創造的。管理者作為一個組織的領頭人,絕不應該這樣。一個管理者應該富有懷疑精神,應該善於以懷疑的眼光來看待周圍的事物,來尋求變革之機、創新之機,否則就會導致事業的衰退。

(2)管理者要有強烈的創新願望。管理者的創新願望主要是指管理者應該時刻注意創新,要善於抓住創新的機遇,不失時機地為本組織贏得更好的發展環境。一個因循守舊的管理者肯定是一個創新願望不強烈的管理者,這種管理者很難取得事業上長久的成功和輝煌。

(3)管理者應該注意培養組織成員的創新特質。管理者畢竟只是一個人,他個人的創新儘管重要,但對於一個組織來說是不夠的。因此,管理者創新心理特質的另一個重要方面就是要時刻注意培養組織成員的創新特質。組織成員的創新特質在一定程度上是管理者創新思維的基礎。

假如一個組織的成員都時時以創新為己任,那麼管理者創新的機會和能力,以及組織創新的機會和能力將會大大增強。

自我辯解心理,是人們為了減少由於認知不協調而產生的緊張的心理狀態,為自己的行為、信念和情感進行辯解的一種心理傾向。

絕大多數人做了某一件事情時,如果有可能,他會盡力使自己和其他人相信,這是一件最合邏輯、最合情理的事情。

美國心理學家阿倫森曾引用一個例子,來說明做決策怎樣帶來認知的不協調,以及決策者如何進行自我辯解。

假如一個人準備買一輛汽車,現有兩種汽車可供選擇,一種是帶篷的汽車,一種是小型汽車,現在需要決策選擇什麼樣的汽車。兩種車各有利弊:篷車好的一面是適合於野營,空間大、馬力足,而且比較時髦,

第三章　簡單管理需要的智慧

不好的一面是耗油太多，不易停放；而小汽車好的一面是價錢便宜，駕駛方便又省油，而且容易維修，不好的一面是汽車很小，不太時髦，而且還有令人擔心的安全問題。

買哪一種好，在做出決策之前，一個人會盡可能地廣泛收集各方面的資訊。他可能買「消費者導報」，看看這個內行而又無偏袒的資訊提供者說些什麼；他可能和那些有各種不同汽車的朋友商量，或者去拜訪汽車生產商試車。在做出決策之前，這些行為都是理智的，不帶任何偏見。

但是一旦做出了決策，比方說決定買那種小型汽車，這時他的行為就開始發生了變化。他不再去尋找有關兩種汽車的客觀資訊了，會盡量收集他決定要買的那種小汽車優點的資訊，避開關於它缺點的資訊；盡量去收集他放棄的那種篷車的缺點的資訊，而避開關於它優點的資訊。

一般人在做出一個決策以後，往往都會出現類似的情況。隨著一個決策，特別是比較困難的決策做出，人們幾乎都要經歷認知上的不協調。這是因為他選擇的對象很少是十全十美的，而他放棄的對象又很少全無可取之處，比如，那個人決定買小汽車，和這種汽車有某種缺點這兩種認知，發生了不協調；同樣，他決定放棄不買的篷車的優點，與他決定不買它的認知互不協調。為了減少這種不協調，人們往往盡力去尋找使自己放心的資訊，以求獲得「我的決策是正確的」安慰。

管理者的每一個重要而又比較困難的決策的做出，也必然經歷上面所說的認知上的不協調。在決策中有多種方案可供選擇，而透過決策選定的方案，可能存在著某種缺點和不足，那麼，這就和「決定採用這個方案」發生認知上的不協調。決定放棄的其他方案，和「這些方案還有某些可取之處」也發生了認知上的不協調。為了減少不協調，管理者就會

產生自我辯解心理。

自我辯解心理使管理者誇大自己選定的方案的優點，縮小其缺點，不願獲取對自己所做決策的不利資訊。因此，某項決策一旦做出，管理者往往只願聽贊成意見，不願聽反對意見。

當然，不是說所有的管理者在進行任何一項決策時，都必然產生自我辯解心理。那些自我批判精神比較強的管理者是勇於否定自己的，但是，否定自己的確是比較困難的事。

實際上，任何一個決策方案都不可能沒有缺陷，都需要在實施過程中不斷完善。自我辯解心理則會妨礙決策方案的修正和完善，直接干擾決策的最佳化。特別是那些自我辯解心理比較強的管理者，明明在決策方案的實施過程中已經看出錯誤，也絕不改正，結果只能給工作帶來更大的損失。

自我辯解心理是干擾決策最佳化的重要的心理因素。作為一個管理者必須充分考慮到這些因素，自覺地保持心理平衡，以保證決策的最佳化。

假設你是一家中等規模公司的經理，現在要做一個決定：是否取消增加機器設備的計畫。因為你擔心公司出口業務的增加不會持續下去，另外你還擔心出口地的貨幣可能會貶值，從而影響你的產品競爭力，最終會減少出口。

在做決定以前，你請教了一位朋友，碰巧他最近剛剛否定了一項擴建計畫。最可能的結果是：他力勸你趕緊取消機器設備的採購計畫。那麼你該怎麼辦呢？

先別忙著做出決定，因為你有可能會掉進「自我辯解」的陷阱。這種「自我辯解」陷阱會誘使我們尋找那些支持自己意見的證據，躲避和自己

第三章　簡單管理需要的智慧

意見相矛盾的線索。

那麼該怎樣避免這種傾向呢？

(1)審查自己對各種資訊是否給予了相同的重視，避免只接受「有利證據」的傾向。

(2)盡量朝與自己意見相反的方向去想，或者找一個你所信賴的意見分歧者，進行一次徹底的辯論。

(3)審視自己的動機：你是在收集資訊做出正確合理的決策呢？還是只是在為自己的決定找「有利證據」？

(4)徵求別人意見時，不要找那種「唯命是從」的下屬。如果你的顧問或顧問一直都在說：「是，對。」那麼要趕緊換個人。

為了避免在做決策時「自我辯解」，而導致思維片面化，管理者要學會聽取下級的各種意見，哪怕是反對的。

有的管理者不喜歡下屬反對他的意見。如果恰巧有四五種不同的看法同時被提出來，他往往會覺得焦頭爛額，不知所措，最後說：「今天有許多很好的意見被提出來了，因為時間關係，會議暫時就到此為止吧。以後再找機會，大家好好討論。」想盡辦法逃避反對的意見。

這種害怕反對意見的領導者，忘記一件最重要的事，那就是：一致的意見不見得就是最好的。假如下屬對你的方案沒有異議，並不能證明此項提案就是完美無缺的，也許別人只是不好意思當面指責你而已。這時管理者切不可沾沾自喜，而應盡量鼓勵別人發表不同意見。

「兼聽則明」，管理者要鼓勵員工就公司經營管理提出見解。應透過建立良好的溝通機制，讓員工能講真話，敢講真話，愛講真話。這樣才能讓公司及其管理者的認知更加全面，得知自己所忽視的問題以及制度

設定中存在的缺陷，從而促進管理的完善和提高。

那麼管理者該怎樣鼓勵員工提出不同的意見呢？辦法有兩種：

(1)放棄自信的語氣和神態，多用疑問句，少用肯定式。不要讓人覺得你已然成竹在胸，說出來不過是形式而已，真主意假商量。

(2)挑選一些薄弱環節暴露給人看，把自己設想過程中所遇到的難點告訴別人，引導別人提出不同意見。

只有集合多方面的意見，不斷改進自己，才能更上一層樓。要注意的是：當你在下屬的不同意見中選擇一種來用時，不要傷害未被選用意見的人的自尊心。首先應該肯定他的辛苦是有價值的，其次要以委婉的方式說明不採用意見的原因。不要讓持不同意見的下屬有勝利者和失敗者的感覺，不要讓他們之間產生隔閡和敵意。

若能妥善處理好這些問題，反對之聲不僅不是管理者的禍水，或許還是管理者的福音。

不求「最佳」，只求「滿意」

在生活中，我們經常要做各式各樣的決策。那麼在決策的過程中，應該遵循怎樣的原則才最有效率呢？

人們在對各種可行方案進行評價和選擇時，應該採用「最佳化原則」，即透過比較各種可行方案，從中選擇一個最好的方案作為最終方案。但是它是具有一定弊端的，因為它需要滿足以下幾個條件：(1)在決策之前，全面尋找備選行為；(2)考察每一個可能抉擇所導致的全部複雜後果；(3)具備一套價值體系，作為從全部備選行為中選定其一的選擇準則。而最佳化原則的這幾個條件，在現實生活中經常不能具備。由於知識、經驗、認知能力的限制，人們不可能找出所有可能的行動方案；即使有充分的能力來尋找所有可能的行動方案，為此所花費的時間和費用也會得不償失。

決策理論學派的學者提出：「滿意化原則」比「最佳化原則」更加現實、合理，要用「滿意化原則」來代替「最佳化原則」。所謂「滿意化原則」，就是尋找能使決策者感到滿意的決策方案的原則，即對於各種決策方案，決策者不是去探索能實現最佳效果的決策方案，而是如果有了能滿足實現目標要求的方案，就確定下來，不再繼續進行其他探索活動。這個學派的觀點是：「無論是個人還是組織，大部分的決策都和探索和選擇滿足化的手段有關，只是在例外的場合，才探索和選擇最佳的手段。」

在企業的決策過程中，一般有兩種方案：一種是最佳決策方案，另

一種是滿意決策方案。理論上講，每個決策應該有最佳決策，但在實際工作中，由於種種因素，往往找不到沒有任何缺陷的決策。其原因主要是：

第一是人的主觀原因。決策是由人做出的，但人的能力有限，在考慮決策時難免顧此失彼，而且人們掌握的決策資訊往往不夠全面，要真正掌握全面的資訊，成本和時間都耗費很大，因此，尋找最佳決策有可能得不償失。

第二是事物的客觀原因。事物都是不斷發展變化的，評價最佳決策的標準也是不斷發展變化的。當人們為某件事情做決策時，需要一段時間收集、分析研究數據，為決策做準備，而在這段時間裡事情會受到各種因素的影響而發生變化。而且，評價最佳決策的標準也是不斷發展變化的，所以就很難得到最佳決策了。

決策者很難得到最佳的決策，往往只能得到滿意的決策。這好比在一千根針中間找一根縫衣針，要找出最鋒利的一根針是非常困難的，而要找出一根能縫衣服的針則比較容易。因此，成功的管理者懂得，不需要在決策中追求最佳方案，而只得到滿意方案即可。

而且，當今社會是「快魚吃慢魚」的競爭狀態，決策的時間快慢和決策品質的好壞可能同樣重要。企業的管理者經常需要抓緊時機，及時地做出決策。比如微軟的成功就與他們追求滿意決策而不是最佳決策有很大關係。

1975年，個人電腦產業尚未形成。當哈佛大學的二年級學生比爾蓋茲和他的朋友保羅・艾倫（Paul Allen），在1975年1月的《大眾電子學》（Popular Electronics）上讀到牛郎星電腦時。他們確信自己可以編寫程式碼，讓這臺機器成為有用之物。為了編寫程式碼賺錢，他們必須先贏得

第三章　簡單管理需要的智慧

與 MITS 的合約。這意味著致力於一種並不完美、但在一段時期內能管用的簡化產品。以利潤為中心的基本理念告訴他們：在一年之後拿出一件完美的產品將是勞而無功的。微軟的建立者從一開始便本著實用原則制定了策略：先贏得客戶，再提供技術。這種方法讓比爾蓋茲和艾倫做出了兩個有關產品開發的關鍵性決策。這兩項決策是微軟策略經典當中不可缺少的部分，並決定了微軟今天的企業設計。

隨著 IBM 決定進入個人電腦市場，個人電腦業的下一幕拉開了帷幕。比爾蓋茲看到了 IBM 提供的機遇 —— 一個新的利潤區正在形成。如果爭取到 IBM 的訂單，一方面微軟將會獲得大規模的銷售量，同時，微軟將會透過 IBM 售出自己開發的語言和作業系統，並成為新的個人電腦市場上事實的行業標準。

當時微軟並沒有自己的作業系統，然而，IBM 想立即得到一個作業系統，微軟必須在一個似乎不可能的時間期限內交貨。不過微軟的策略是：先得到客戶，再製造產品。所以微軟決定購買和開發一個系統，而不是花時間從頭編寫。他們採用和拓展了現有的 Q-DOS 程式，改名為 MS-DOS。

在整個 1980 年代，MS-DOS 成了一個巨大的賺錢機器。在程式設計語言和個人電腦作業系統方面，微軟首次建立了兩大軟體標準。

日本的松下幸之助說過：「只要有 60% 的可能，就得放手一搏。」曾有一位將領也說過：「只要有六成把握即決心打。」可見，選擇方案滿意就可以了。當然，滿意原則也需考慮方案的利害、代價，但這些過程較為簡略，和尋找最佳方案不同，管理者僅希望獲得令人滿意的方案。那麼，在決策中，管理者應該怎樣確定滿意決策呢？這需要掌握好以下幾點：

首先，決策者要正確定位，分清主次目標，把決策的基點放在主要目標上，突出解決關鍵問題，勇於捨去次要問題，不要追求不切實際的完美。

其次，決策者要考慮時空條件，重點關注決策的時效性和區域性。時間是一種成本，在快速變化的時代，今天做決策與明天做決策，其機會成本是不同的，所以決策必須在有限的時間內做出。

最後，決策者的能力是有限的，要考慮自身條件和決策環境的約束，找到兩者的結合點和平衡點。

失去100元和沒有得到100元，哪個更令你痛心？

大多數人會選擇前者，小部分人選擇後者。

心理學研究表明，人們總是過分關注直接損失，對從口袋裡流出的10塊錢非常在意，而對本來可以裝進口袋的100塊未得收益卻不以為然。

心理學上，忽視未得收益的現象，存在於生活的各方面。人們往往會認為未得收益或損失的對象不明確，而選擇完全忽視它。

理性地來說，原本可以得到卻沒有得到的東西，其實就是你的損失；直接損失和未得收益是一樣的，應該同樣引起重視。

張經理所在公司的投資顧問，不久前建議公司拋售100萬股，這隻股票的價格當時是5元／股。依照顧問的建議，公司把所持有的100萬股都拋售了。兩個月過去了，這隻股票的價格一路攀升，現在的價格已經達到了10元／股。

李經理是張經理的大學同學。李經理公司的投資顧問不久前建議李經理的公司投資一檔股票，當時的價格是10元／股，依照投資顧問的建議，公司買了100萬股。沒想到買進以後，這隻股票形勢一直不好，現在已經過去兩個月了，股票的價格卻一路下跌，現在的價格是6元／股。

有一天，張經理和李經理碰面，分別講起了自己公司投資顧問建議失誤的事情。兩個不稱職的投資顧問讓張經理和李經理傷透了腦筋，他

第三章　簡單管理需要的智慧

們商量是否要把他們解僱了。那麼你覺得哪家公司的顧問更應該被炒掉呢？

大多數人會認為：李經理公司的顧問給出了錯誤的判斷，導致公司損失了 400 萬元，這麼不稱職的顧問應該立刻換掉；至於張經理所在公司的顧問，目前還沒有給公司帶來損失，可以先不解僱，再試用一段時間。

李經理也是這麼想的，他比張經理對投資顧問的錯誤建議更加氣憤。他對張經理說：「你們公司那個顧問雖然提出錯誤的建議，總比我們公司的顧問一下子給公司帶來那麼多損失好啊！」於是他一氣之下把投資顧問解僱了。

張經理也有同樣的想法。他決定將自己的投資顧問留下來，再給他一次機會。張經理所在公司的投資顧問暗自慶幸，心想：看來以後給建議要小心點，不要隨便讓公司去購買什麼股票，萬一弄不好虧了本，就連飯碗也保不住了；還是保守點好，正像我們常說的，「不求有功，但求無過」。

但是，真的是李經理公司的投資顧問帶來的損失更大嗎？

李經理公司的投資顧問建議公司買進股票，造成公司 400 萬元的直接損失。而張經理所在公司的投資顧問建議公司賣出了股票，後來股票卻漲了，他讓公司損失了本來可以賺到的 500 萬，其實給公司造成的損失是 500 萬元的未得收益。客觀上後者實際損失更大。

直接的損失被稱為損失，而本來可以得到卻沒有得到的利潤，是未得到的收益。這兩者其實本質上是一樣的。但是一般人卻沒有把這兩種損失等同看待，總是對未得收益感覺不深，這其實是一種欠缺理性的表現。

作為管理者，應該理性地看待收益和損失，應該對看得見的損失和沒有得到的收益一視同仁。

管理者忽視未得收益的傾向，往往來源於他們在決策中的悲觀原則。

管理者確定不同的方案，有兩種主觀標準。一種是樂觀原則。所謂樂觀原則，就是說選擇方案是依其最樂觀的可能性、最理想的結果或最大收益值來進行。一種是悲觀原則。悲觀原則與樂觀原則的著眼點相反，選擇方案是依其最悲觀的可能、最不理想的結果或最小收益值進行的。某些管理者天生謹慎，沒有冒太大風險的習慣，或者在遇有某些關係重大、影響深遠的決策時常取穩妥態度，往往採用悲觀原則。根據這一個標準進行選擇可使管理者避免冒太大的風險，保護組織不陷入逆境，但這種趨於穩妥的態度也可能使組織喪失一些發展的好機會。

管理者要明白，為了求得發展和壯大，必須承受一定的風險，因為風險的另一面就是機會。如果管理人員一味規避風險，小心翼翼，不敢越雷池一步，那麼，成功的機會也許會擦肩而過；相反，如果能夠保持足夠的魄力和勇氣，看到風險中蘊藏的機會，那麼，企業就可能在市場競爭中脫穎而出。

日本大都不動產公司的創始人渡邊正雄在經商之初，發現不動產行業是一個前景光明的行業。於是，他決定涉足不動產。然而，他既沒有雄厚的資金，也沒有不動產行業的經驗。為了給自己的將來打下良好的基礎，渡邊正雄決定到不動產公司無薪工作一年。這是他人生中第一次承受風險。

在這一年中，他潛心學習，累積了大量的經驗和知識。一年後，他辭去不動產公司的工作，自己開始籌集資金做起了不動產生意。

第三章　簡單管理需要的智慧

此時，一塊地映入了他的眼簾。這塊地人跡罕至，價格低廉，既沒有便利的交通，附近也沒有配套的設施。然而，渡邊正雄看中的是它另外一個無法匹敵的優勢：與天皇的御用土地比鄰，自然環境優越，而且能提高個人身價。

渡邊正雄決定承受人生的第二次風險，在周圍的人嘲笑和不解聲中，籌集資金把這塊土地買了下來。隨著戰後日本經濟的復甦，人們開始對城市的汙染感到厭倦，而逐漸對自然環境優美的區域情有獨鍾，於是，日本的富裕階層紛紛前來購置別墅。一年之內，渡邊正雄的土地出售了 80% 以上，而他的營利達數百億日元。

正視風險，投身風險，把握機會，這就是渡邊正雄的成功之道。勇於冒風險，正是因為管理者看到了可能得到的收益，並努力去得到它。當然，同時管理者必須努力把風險降低到最小，從而使獲得收益的可能性達到最大。那麼，管理者如何才能在正視風險的同時，盡量減少風險，提高成功的機率呢？

(1) 善於發現機會，把握機會。正如一位哲人所說的，當機會到來的時候，有人能夠清楚地看到，而有些人則視而不見。同樣，市場競爭中的勝利者，也是那些認真分析市場、細心辨別時機並敏銳把握時機的人。世界旅店大王希爾頓認為，他的生命中有三條原則：一是信仰，二是努力，三是眼光。如果想做的比別人出色，他認為必須具備的條件之一是高瞻遠矚的眼光。

(2) 以動態而非靜態的思維看待事物。經營決策是一個複雜的動態過程，它並非一成不變的，決策過程也是一個動態的考慮問題、分析問題的過程。

(3) 以科學的資訊為基礎。某 B 公司的總裁曾經指出：「我們首先要了解我們的消費者以及消費者的需求是什麼。不管我們世界上的什麼

不求「最佳」，只求「滿意」

地方開始我們的生意，對消費者需求的研究是我們工作的首要切入點。對消費者需求的研究不僅可以讓我們了解到我們應該向市場推出什麼產品，而且也會告訴我們應該怎樣推出該產品。」

　　身為決策者，必須練就高遠的眼光，善於掌握風雲變幻的市場，這樣，決策便有了最有力的依據。小心翼翼的經營態度當然是可以理解的，但是，厭惡風險應當是一種不被接受的行為。管理者在決策時不應害怕冒險，同時也不應忽視實際情況的發展。

第三章　簡單管理需要的智慧

第四章
管理就是這麼簡單

　　管理是為了保證實現企業既定目標而使用的一種工具。這種工具只要能夠讓所有使用者都能很快掌握並得心應手使用就可以了，並不需要我們的管理者去真正弄明白管理的工作原理、設計原則以及管理模式、管理學派等等晦澀難懂的原理。我們在進行管理模式選擇及具體執行管理時，不能為管理而管理，讓管理套住了手腳，最後使得管理非但沒有給企業帶來幫助，反而影響了企業的發展。

第四章　管理就是這麼簡單

關於管理的領域

　　關於管理，我們在前面更多的是從歷史的角度研究管理的變遷以及特點。追根究柢，我們是想將管理和歷史結合起來，看看能否從歷史中發現到底什麼是管理，以及為什麼要從歷史的長河中挖掘我們對管理的認知。在現代社會，企業管理越來越成為管理者在管理企業過程中的重要工作。也正因為如此，在面對企業發展的諸多問題時，我們都試圖透過管理的手段來解決，但事實並非我們想像中的那樣輕鬆。我們會看到，管理研究越深入，產生的問題也就越多，甚至有些問題是無法依靠管理所能解決的。於是乎，我們驚嘆：管理發展到今天，難道反而不能促進企業目標的實現了嗎？

　　現今的諸多管理問題其實早在歷史中已出現過。圍繞著這方面的認知，我們試圖透過歷史來尋找答案。事實也是如此。和現在對比，我們依然會發現與現代企業管理相同的做法在歷史中曾經出現過。都說歲月無痕，但人類藉助管理作為工具改變自己的初衷卻沒有改變。無論是最早期人類的部落制生活方式，還是現代的高度資訊化的生活方式，管理一直都是如影相隨的。不同的發展時期，管理展現出的特點不盡相同。遠代的管理集中在人類自己，人類只有憑藉自身的力量才能生存與進步；到了近代，人類意識到機械化生產的意義，進而建立了管理的系統思想，用以提升人類在機器的幫助下改造自然的能力；現代社會的管理特點則完全展現出以軟體為載體的資訊化的助推作用，藉助科學的資訊產品以及資訊觀念，人類實現了空前的飛躍。

當管理越來越成為我們改變現狀的助手或是工具的時候，關於管理的研究也越來越豐富、專業。針對行業的特點、專業的特點，一些專家和學者相繼提出了大量解決問題之道的管理思想和操作性的工具。儘管這些貢獻在一定程度上促進了企業管理能力的提升，但有時也是一把「雙面刃」，成為企業管理突破的桎梏。因此，在對管理的歷史有了充分了解的基礎上，我們有必要更加深刻地剖析管理的本質，發現管理的真諦，理清管理的真正價值所在。

從科學研究的角度看管理，機械化生產開始後，管理學相繼發展成以不同側重點為研究對象及以不同方式為研究範圍的學派。管理學由此演變為一棵枝繁葉茂的大樹，任何一個分支都可以成為企業管理的助推工具。所謂「只見樹木，不見森林」，不建立企業適用的管理模式及方式，不對管理學進行充分的了解和研究就很難真正了解管理，也就談不上發揮管理的力量，實現管理的價值。

具體來說，根據研究的重點不同，管理被分為不同的研究領域，以下是對管理學發展產生影響的其中幾個代表：

側重於效率提升

科學管理理論

對於效率提升的研究當屬泰勒（Frederick Winslow Taylor）的科學管理理論，其核心思想來源於泰勒的一系列實驗，其中的鐵鍬實驗最為著名。鐵鍬實驗首先是系統地研究鐵鍬上的負載應為多大的問題；其次研究各種材料能夠達到標準負載的鐵鍬的形狀、規格問題，與此同時還研究了各種原料裝鍬的最好方法的問題。此外他還對每一套動作的精確時

第四章　管理就是這麼簡單

間作了研究，從而得出了一個「一流工人」每天應該完成的工作量。這一個研究的結果非常出色，管理的效率大幅度提高，收益較之前也非常可觀。泰勒科學管理理論的貢獻在於提出了科學管理的四個原則：

・建立真正科學的勞動流程；

・科學的挑選和培養工人；

・受訓工人與科學的勞動流程相結合；

・促進管理者與工人之間良好的合作。

側重於效果改善

決策科學理論

決策科學理論是指決策時要以充足的事實為依據，採用嚴密的邏輯思考方法，對大量的數據和資料按照事物的內在連結進行系統地分析和計算，遵循科學程式，作出正確決策。同時，它所使用的先進工具——電腦和管理資訊系統也為決策科學化提供了可能和依據。

總而言之，決策科學理論的基本特徵是以系統的觀點，運用數學、統計學的方法和電腦技術，為現代管理的決策提供科學的依據，透過計畫與控制解決各項生產與經營問題。這個理論認為，管理就是應用各種數學模型和特徵來表示計畫、組織、控制、決策等合乎邏輯的程式，求出最佳化的解決方案，以達到企業的目標。

側重於人的研究

人際關係學說

1924～1932年間,美國國家研究委員會和西方電氣公司合作,由行為科學家喬治‧埃爾頓‧梅奧(George Elton Mayo)負責進行了著名的霍桑實驗,也就是在西方電氣公司所屬的霍桑工廠,為測定各種有關因素對生產效率的影響程度而進行的一系列實驗,由此產生了人際關係學說。

透過歷時近八年的霍桑實驗,梅奧意識到,人們的生產效率不僅要受到生理方面、物理方面等因素的影響,更重要的是受到社會環境、社會心理等方面的影響。這個結論是相當有意義的,這對「科學管理」只重視物質條件,忽視社會環境、社會心理對工人的影響來說,是一個重大的修正。正是梅奧的人際關係學說的問世,才開闢了管理學的一個新領域,並且彌補了古典管理理論的不足,更為以後行為科學的發展奠定了基礎。

側重於組織的研究

行政組織理論

馬克斯‧韋伯是德國著名的社會學家,他對法學、經濟學、政治學、歷史學和宗教學都有廣泛的興趣。他在管理理論上的研究主要集中在組織理論方面,主要貢獻是提出所謂理想的行政組織體系理論。這一個理論的核心是組織活動要透過職務或職位而不是透過個人或世襲地位來管

理。他也意識到個人魅力對領導作用的重要性。他所講的「理想的」，不是指最合乎需求，而是指現代社會最有效和最合理的組織形式。

　　韋伯認為，具有高度結構的、正式的、非人格化的理想行政組織體系是人們進行強制控制的合理手段，是達到目標、提高效率的最有效形式。這種組織形式在精確性、穩定性、紀律性和可靠性方面都優於其他組織形式。韋伯的這一個理論，對泰勒、法約爾的理論是一種補充，對後來的組織理論的發展產生了很大的影響。

　　正所謂「前人種樹，後人乘涼」。自從工業革命以來，大量從事管理研究的專家、學者已經為今天的企業管理打下了良好的理論與實踐的基礎。因此，如何能夠在充分理解管理的基礎上，建立起適合自身企業特點的管理模式與方法就成為現代企業管理者的必修課。

說文解字喻管理

在對管理學進行了深入了解與認可的基礎上，我們可以為企業管理到底是什麼做一些基本的描述。關於管理的界定，不同的管理專家和學者有自己不同的看法，比如：

管理就是為在集體中工作的人員謀劃和保持一個能使他們完成預定目標和任務的工作環。

—— 哈羅德‧孔茨（Harold‧Koontz）

管理就是實行計畫、組織、指揮、協調和控制。

—— 亨利‧法約爾（Henri‧Fay01）

管理就是決策。

—— 赫伯特‧A‧西蒙（Herbert‧A‧Simon）

管理就是透過其他人來完成工作。

—— 約瑟夫‧梅西（Joseph‧Massie）

管理是由一個或更多的人來協調他人活動，以便收到個人單獨活動所不能收到的效果而進行的各種活動。

—— 詹姆士‧唐納利（James‧Donnely）

管理是一種工作，它有自己的技巧、工具和方法；管理是一種器官，是賦予組織以生命的、能動的、動態的器官；管理是一門學科，一種系統化的併到處適用的知識；同時管理也是一種文化。

—— 彼得‧F‧杜拉克（Peter‧F‧Drucker）

第四章　管理就是這麼簡單

從以上各種管理界定的認知來看，儘管每個管理學者、專家闡述的角度不同，但都能幫助我們建立起對管理的認知，進而挖掘出管理的焦點所在。

管理的焦點所在

透過說文解字，我們來看一下管理的字型寓意。漢字的歷史源遠流長，從漢字的構成來看大致有 3 種形式：象形、會意、形聲。象形法是漢字形成的最早方法，比如「日」寫成「☉」。儘管象形字比較容易看出字的寓意，但不能表達抽象的意義。於是就有了另外一種字的形成方法──指事，也就是借用不同的符號或借用象形字加上一些符號來表達一個抽象的意思。比如「旦」寫成「☉」，喻意太陽從地平線上升起。象形字和指事字都能從字形上看出字的意義，但不能讀出聲音。因此，形聲法出現了，也就是把表示聲音的聲符和表示意義的形符結合起來，組成許多新的漢字。比如「爸」字由表音的「巴」字和表形的「父」字結合而成的。隨著歷史的發展，漢字越來越多，也越來越豐富。

將漢字的組合賦予現代說法，我們就會發現，很多字型的解釋已經不單純是簡單的字面意義。比如「威信」的「信」字，由「人」和「言」構成，喻意人站起來說話才有威信；「誠實」的「誠」字，由「言」和「成」構成，「言」代表言行，「成」代表成功，寓意「言行一致，才能成功」。

將漢字進行拆解，我們可以加深理解。那麼，對於管理，我們該如何來進行拆解認識？先來認識「管」字，「管」字由上下兩部分組成，上面是「竹」字旁，下面是「官」字。進一步分析，我們是否可以這樣定義「管」字：「官字頭上一雙眼」，也就是當官的在進行關注的意思。再看一下「理」字，顧名思義是「理順、整理」的意思。那麼，將「管」和「理」

合併在一起,可以這樣認為:「管理」就是當官的在進行關注和理順。透過這樣的說文解字,我們對管理的認知顯然更加明確了,這也有助於我們從本質上認清什麼是管理。

　　透過以上的分析,我們可以這樣定義管理,即,管理就是(官或領導者)對部屬行為的一個關注與理順的過程。可見,管理的前提是別人對當事者的管理,這與我們經常提到的自我管理還是有區別的。當然,自我管理也是一種管理,而我們在這裡提及的管理主要是針對企業的管理行為。管理不是一個人的事,至少應該由兩人或兩人以上參與;管理者的參與在於控制,也就是關注與理順,而不是自己親自去做一些事;既然是理順,管理者必然希望自己的參與能有一個滿意的結果,也就是關注與理順的初衷是希望得到結果。綜合以上分析,我們可以建立起對管理的基本認知:

・管理的本質在於關注與理順;

・管理的目的在於達到某種結果;

・管理是透過他人將你想做的事情辦妥。

　　這樣,在總結已有的管理研究的基礎上,結合現代企業管理的經驗,我們建立起對管理的重要認知,這些都有助於我們在企業管理的過程中駕馭管理。當然,所有對管理的認知並不是在否定以往關於管理的研究與總結。比如任何一個成功的管理都離不開法約爾提出的管理五要素:計畫、組織、指揮、協調、控制;任何一個成功的管理都是建立在充分理解人性的基礎上等等。我們希望的是管理者在具備一定的管理理論基礎上能將管理與自己的實踐認知緊密地結合,從而真正發揮管理的力量。

　　在現代企業管理的過程中,管理的風格和方式可謂「五花八門」。任

何一種管理不論正確與否，只要它能適應本企業的特點就有它存在的價值。而所有價值的表現則在於管理能否發揮它最大的潛力，釋放不被我們所意識甚至是壓抑的力量。因此，了解管理的焦點所在，也就是我們針對管理建立起的知識，進而充分挖掘管理的潛力。

善於挖掘管理的潛力

顧名思義，所謂挖掘管理潛力，是指企業的管理者認為已經建立起對現代管理的認知，但在管理的過程中卻不能完全發揮管理的力量。大部分企業都存在著浪費管理、浪費資源的問題，管理還有很大的發揮空間。對此，管理者也存在著共識，但並沒有在執行中表現出與自己主觀意識相符的做法。

在挖掘管理潛力方面，管理者可以圍繞管理的焦點所在展開建設性的工作，特別是結合管理中存在的失誤，有針對性地發揮管理的價值。

具體來說，提到管理是一個關注與理順的過程，那麼作為管理者如何將其和挖掘管理潛力結合起來呢？

管理需要關注與理順，這和我們經常提到的管理失誤之一的「事必躬親」是否矛盾？事實上，作為管理者在關注與理順管理的過程中，沒有「事必躬親」無法做到徹底地關注與理順；沒有這個過程，管理結果的可控性降低，達不到管理的預期，管理的潛力沒有充分挖掘出來，也就是一個無效管理。

「事必躬親」可以作為管理者的管理本能。任何一個管理者都希望能參與企業管理的各方面，特別是下屬的每一項工作。而作為下屬，也盡可能地讓上級知曉你在工作過程中的一舉一動。這樣做不僅可以讓上級放心，也有助於自己工作的順利完成。企業中這種管理的現象非常普遍。作為一名經理，能力儘管得到企業全員的認同，但如果自己的行事不為上級（老闆）考慮，一味地「埋頭苦幹」，必將是「得不償失」。我們

第四章　管理就是這麼簡單

也經常會看到這樣的報導，某某經理與老闆的「蜜月期」還沒開始就結束了。你再有能力也要讓老闆感覺到他的可控性，讓他隨時了解你的動態，從而為自己的工作創造盡可能多的便利條件。

與此同時，管理者也在越來越多地下放權力，避免管理上的「事必躬親」。我們經常強調，管理者應該將自己的工作更多地放在決策性的工作中，而不是陷入繁瑣的事務性工作中。過多的事務性工作只能讓管理者徒增苦惱、身心疲憊，甚至是「費力不討好」。避免出現這樣現狀的前提還是應該建立一個上下級對工作達成共識的管理方式。一方面，作為下級在不斷提高自己的業務工作能力的同時，盡可能地採用多種方式提高上級的管理信心，也就是最大限度地讓自己處在上級的「手掌之間」，讓上級放心；另一方面，上級管理者越來越多地與下級建立起共同認可的工作方式，做到上級對下級的工作放心、瞭如指掌，從而跳出事務性工作，轉而從企業的發展角度來管理企業。建立這種方式，管理者在關注與理順管理的同時，有效地意識「事必躬親」的管理範圍，發揮管理潛力帶來的價值，避免管理的浪費。

我們說管理的目的在於達到某種結果，這與企業經營最終目的就是營利一樣，企業沒有營利就談不上發展，談不上為員工、股東創造價值。正如天地萬物的存在規律一樣，任何一件事都是有始有終的。作為管理，儘管我們強調它是一個關注與理順的過程，但這樣做的目的就是為了能有一個預期的結果。沒有結果，管理就像是三分鐘熱風，刮過之後一切照舊。

馬斯洛的需求層次理論對人性的描述非常直接。人生在世，生存的需求最為直接，也最為實際。其他的一切需求全部都是建立在人對生存需求滿足的基礎上。儘管在現代社會，人類基本上解決了生存的問題，

善於挖掘管理的潛力

但這種生存並不是完全意義上的現代人生存。現代人追求的生存狀態也許並不是馬斯洛當初研究結論的翻版，它已經融入了許多現代社會對生存的看法。即使一個處在上流社會的人，他依然需要滿足更高層次的生存需求。

對管理也應該有這樣的認知：在我們不斷深入研究管理的今天，管理的創新越來越多，管理的價值得到了最大的展現。但不可否認，無論我們怎樣深化管理，我們都希望能借助管理的不斷改善實現我們的既定結果。因此，我們建設企業文化，想借助全員對共同價值觀的認可提高企業的執行力；藉助先進的管理軟體，創造一個提高管理效率的資訊共享平臺；規範薪酬體系，為員工創造的合理競爭環境等等。所有這些可以說都是企業管理者促進結果實現而採用的管理工具與保障措施。

現實中，管理的一切工作目的均是可以極大地挖掘管理的潛力。比如說對人的管理，就像前面所述的那樣，任何人首先需要的都是一個基本的生存的空間。對於普通員工，更多的還是面臨著生存的壓力。如果企業的管理者在管理這些員工的時候，提倡什麼價值、個人成長、素養等要求而忽視提供基本的生存條件時，管理怎能有效，怎能否挖掘他們的工作能動性呢？在現代企業中，儘管企業文化的作用不言而喻，但又有多少家企業的員工能與企業同心同德，共同「挺過嚴寒的冬天」？這裡，我們不是否定員工的職業精神、奉獻精神、企業文化的力量以及企業所積極創造的便利條件等，而是想從現實的角度看我們的管理是在追求結果還是「紙上談兵」。拋開結果談管理，管理就會流於形式，也就談不上什麼挖掘管理潛力，發揮管理的價值。

挖掘管理潛力不僅僅需要管理者更多地關注與理順最終要追求的結果，還在於管理方式的運用。透過對管理方式的掌握，在管理過程中也

可以最大限度地挖掘管理的潛力。

確立對管理的界定是管理者挖掘管理潛力的前提所在。在關於管理的焦點中已經提到：管理是透過他人將你想做的事情辦妥。基於此，我們可以看看目前的企業管理方式，透過對比進而挖掘管理的潛力。

一般來說，管理方式目前可以歸結為四種。處於不同時期、不同背景的企業，管理的方式也不盡相同。比如企業，特別是民營企業，創業之初，很可能就是創業者一個人的事，此時的管理我們稱之為「自我管理」，也就是「自己管理自己」。透過自己的能力和悟性，將自己創業的設定目標進一步實現；企業經過創業時期的艱難，規模上發生了變化，人員逐步增多。此時，管理者對有些工作可能不會親自去做，更多的是習慣「手把手」領著員工去做，也就是管理者採用的「指導管理」；當管理者不能「事必躬親」的時候，他更多的是考慮工作的結果，希望透過放手發揮員工的積極性，得到企業需要的結果。這個時期的管理我們稱之為「結果管理」；由於過多地追求結果，忽視對過程的控制，管理者越來越感覺到企業管理問題的增多，從而將管理的重點放在過程上，透過控制過程實現結果，也就是管理者採用的「過程管理」。可見，不論哪種管理方式，追本溯源還是管理者希望透過他人來實現自己的管理預期。圍繞著對管理的界定，管理者將這四種管理方式結合起來，才可能最大限度地挖掘管理的潛力，有效地實現企業管理的結果。

將管理與價值結合起來

　　現代社會，人人追求自我價值的實現。企業也是如此。企業建設企業文化的目的在於形成員工與企業共同認可的價值觀，進而實現雙方的共同價值。關於價值，學術上，比如說馬克思主義哲學，針對價值有相關的研究及實踐。對此，本章在提到價值的同時並沒有否定學術界關於價值內涵的探討，相反，這裡提及的價值更多的是從企業管理的角度闡述價值與管理的關係。

　　一般來說，對價值的認知應該有狹義和廣義之分：

　　所謂廣義的價值可以這樣理解：價格是價值的衡量尺度。簡單地說，提高工作效率，機器的價值顯然比人工要高，此時機器的價值就要高；一個拿年薪的管理者就比普通拿月薪的人價值大，因為他能創造更加顯而易見的資源財富；節約商務時間，坐飛機顯然比其他交通工具要便利，飛機的價值更大。當管理與廣義的價值結合起來，也就是要求用盡可能低的資源成本實現最大的管理，此時的管理才稱之為有價值的管理。就像一個企業，儘管帳面上顯示盈利，但因為諸如「三角債」的因素，企業實際上出現了負的資金流，那麼這家企業隨時都有可能陷入財務危機。

　　所謂廣義的價值我們可以看作是社會的認可程度。從人性的角度來看，不論是性善還是性惡，都有自己的一套說法。從更深層次的角度剖析人性，我們可以這樣認為：「人類願意為別人付出的遠比為自己還多」。雖說古往今來，無論是「人為財死，鳥為食亡」，還是「自以為是」，我們都可以把人看作是「自私的」。但仔細看來，情形卻不盡如此。能夠在

第四章　管理就是這麼簡單

危難之中，盡自己所能幫助別人，追根究柢是一種良心的表現。對企業來說，我們不否定企業追名逐利的本性，但也不能否認企業對社會的貢獻。如果說企業的管理者有「老闆」和「企業家」的稱謂之分，那我們更多地是把「企業家」看成是一種社會責任，一種對社會的價值貢獻。所以，當社會在評價企業價值的時候，認可的程度是一個衡量企業價值大小的基準。

價值對個人也好，對企業也好，都是一個不斷地追求過程。為了價值的實現，我們希望藉助管理，透過運用必要的管理工具和手段，最大限度地創造價值。將管理與價值結合起來就是為了透過對價值的認知實現有效的管理，避免管理浪費。

管理與價值結合的需求

一般說來，管理與價值的結合要確立 3 個需求：企業發展的需求、員工成長的需求以及社會前進的需求。

一、企業發展的需求

我們說過，企業的最終目的是要盈利，當然也包含實現企業在社會中的地位。實際上，這些都應該是企業價值的最終表現。唯有如此，我們才能說企業實現了自身的價值。

企業自身的價值是透過管理來實現的。在企業自有資源以及整合資源能力有限的情況下，發揮管理的能量空間，盡可能用最小的管理成本來實現企業價值不僅僅是企業發展的基礎保障，也是企業管理者的主要責任。

很多優秀的企業結合自身的現狀，充分考慮相應的管理模式和手段，為管理創造了巨大的、靈活的平臺，使管理得以充分地釋放、發揮，從而促進了企業追求價值實現的可能。因此，建立對價值的追求，結合恰到好處的運用管理，可以在一定程度上更好地滿足企業發展的需求。

二、員工成長的需求

企業中每一位員工，不論條件如何，都有一個共同的想法，那就是自己能夠在企業中不斷地成長。當然，對於成長，可能每個人的認定的含義不同：將薪水的提高看成是成長；將能力的提高看成是成長；將社會的認可看成是成長；將具體職務的提升看成是成長等等。其實，不同的成長均離不開企業管理和自我管理，而眾多的管理也都是要和實現價值結合起來。

應將管理與價值的結合看成是員工成長的需求，一方面，員工的成長需要企業這個平臺，更需要企業建立一個實效的管理模式和手段。否則的話，過多地浪費管理不僅是企業的損失，更是對員工的壓制和耽誤；另一方面，員工的成長也離不開自我管理。自我管理的主體儘管是自己，但並不意味著對管理的放鬆。節約管理，進而為自己帶來實惠，甚至創造更多的價值，這些都會極大地促進員工的成長。

三、社會前進的需求

現代社會的進一步發展離不開人的力量和企業的貢獻。可以說人和企業的結合促進了時代的發展、社會的進步。歷史的車輪滾滾向前，任何力量在它面前都顯得那麼渺小，唯有與車輪合為一體，才能形成合

第四章　管理就是這麼簡單

力，共同前進。

　　作為社會前進的動力，我們不能忽視人與企業的正面因素，更不能忽視管理在其中的分量。社會前進也可以認為是一種價值的表現，這種表現的動力來自於管理的進步。管理作為一種資源也會有枯竭的時候，因此，我們還是希望能透過有效的管理，讓管理產生價值，這樣才能加速促進社會的前進與發展。

　　在確立管理與價值結合的重要性之後，我們有必要回頭看看身邊的企業是如何利用二者的結合，產生意想不到的效果，以此強化我們對將管理與價值結合的急迫性和重要性認知。

管理與價值的結合的意義

　　肯德基是速食業的老大，至今為止在中國的店數已過了千家，而且其發展的趨勢依然很強烈。為什麼肯德基會做得如此成功，而中國曾經能與之相抗衡的企業卻成了「大浪淘沙，一去不復返」。其實肯德基的成功絕不是偶然，拋開跨國財團的資金能力等因素之外，肯德基的成功追根究柢還在於其卓越的管理能力。將管理與價值結合起來，肯德基做得非常好。用最小的、最簡單的管理資源博得最大的市場價值。

管理觀念與工具要合而為一

老子在《道德經》中曾經說過這樣一句話:「為無為,則無不治。」具體的解釋是:只有清靜「無為」,才能取得無所不治的成果。自我「無為」,樸「無不治」;統治者「無為」,法「無不治」。治身之道,在於樸治;治國之道,在於法治。其中展現了老子關於有為、無為的辯證思想。對於當時的階級統治者來說,崇尚人治的統治者「尚賢」、「貴難得之貨」、「見可欲」,誘之以權力、金錢、美色,致使天下人爭權、圖利、貪欲,結果是社會混亂,天下紛爭。只有施行無為之治,才能實現天下太平。站在維護統治階級的立場上,老子提出了「為無為,則無不治」,也就是統治者管理天下的「有為」與「無為」。結合今天的企業管理,我們完全可以這樣理解老子關於「為無為,則無不治」的想法,那就是管理的「有為」和「無為」。對企業來說,「有所為才能有所不為」,但我們更提倡「有所不為才能有所為」。這就好比是「專業化與多元化」,企業無論如何發展,核心的優勢不能丟棄,在做大做強核心產業的時候才能「有所為」。

管理也是如此。管理作為一門專業的學科發展到今天可謂是「日趨飽滿」。相當多的管理專家和學者透過理論與實踐的結合,提出了大量的管理思想和解決問題的管理工具,這些都在某種程度上促進了企業的發展和社會的變革。但是,在我們面對如此紛繁複雜的管理的同時,對管理的困惑也是「如影相隨」。其實,無論是做企業,甚至是做人,我們都希望透過「有所不為」才能「有所為」。儘管管理的研究分支越來越多,企業能借鑑的餘地越來越大,但畢竟不是每一種管理都是適合企業自身

第四章　管理就是這麼簡單

特點的。因此，作為企業的管理者應該有選擇地借鑑科學的管理，而不是盲目地跟從。

對於管理，前文已經從歷史發展的角度作了大量的闡述，特別是當管理從近代開始作為一門學科被深入研究並廣泛運用於企業以來，管理的理論與實踐越來越豐富。眾多的管理學家和企業實踐者本著自己對管理的認知，從多個角度闡述管理與企業發展的關係。現實中很多成功的企業，成功的原因各不相同，但他們都有一個共同的特點，那就是企業的成功離不開精湛、務實的管理；相反，猶如「過眼雲煙」的企業，失敗之處儘管有許多客觀原因，但在相當程度上還是企業管理的問題。因此，我們基本上可以說管理決定著企業的成敗。

認知到管理對企業發展的意義、了解管理的真正內涵顯然有助於企業的良性管理。正所謂「透過現象看本質」。當我們在做一件事的時候，只有用慧眼看清事實的本質才能做到「有的放矢」。管理也應該如此。不論從歷史的角度還是從學術研究的角度，任何一種管理的定義都有助於我們加深對管理的認知程度，指導我們正確地掌握企業管理。

在認可管理定義以及了解管理變遷的歷史的同時，我們發現管理發展到今天首先應歸結於人類活動意識的增強，也就是觀念的進步。比如氏族公社後期，隨著剩餘產品的出現，基本上解決了部分人的溫飽問題，在此基礎上產生如何更好地利用剩餘產品的想法，因此也就有了怎樣管理剩餘產品的問題。到了近代，特別是隨著西方工業革命的開始，機器生產時代的來臨，人類征服自然和改造自然的欲望以及能力進一步增強，傳統以農業為主的生活方式逐漸淡化，人類對外界的探索活動也越來越多，所有這些無疑都刺激了人類社會的超常發展。對於工業革命，其實它最大的特色就是成功採納新理念，也就是觀念的變化，進而

帶來一系列的創新與發明。眾所周知,管理真正作為一門學科來研究應該追溯到工業革命。現代企業管理的成敗首先是管理者對觀念的認知。比如我們在推進資訊化促進企業管理現代化的今天,有實效的管理工具和方法最終需要企業的高層領導者認可。最典型的例子當屬 ERP。企業能夠有效推行 ERP 的前提必須是企業管理者接受 ERP,否則再好的管理手段也會被「束之高閣」。一句話就可以形象地說明目前企業對 ERP 的推廣現狀:「ERP 就是老闆的 ERP」。可見,儘管 ERP 確實能為企業管理帶來實效,但它真正為企業管理所用的先決條件是管理者接受這種先進的管理理念。

管理者在接受了適合本企業特點的管理理念後,推行的過程中運用現實的工具是必不可少的。

人類的歷史就是一個不斷戰勝自然和改造自然的過程,也是一個對所利用的工具不斷更新的過程。從早期的原始工具,諸如石器、樹木等,到近代的大機器以及現代的資訊化工具等,人類藉助一系列的工具大大地滿足了超越自然的欲望,同時也給人類的生活帶來了極大的便利。

同樣,將管理的工具與企業的發展結合起來看,不難發現,很多成功的企業在其發展的過程中,管理工具也是在不斷完善的。比如在管理控制領域內被企業廣泛採用的六標準差,作為一套完善的過程控制工具,它對企業的促進作用不言而喻。不可否認,六標準差儘管是作為一種過程控制、品量提升的工具,但首先它應該是一種管理觀念。六標準差強調的是對過程的卓越追求。數字 6 就是一個減少品質缺陷的追求目標,在此目標下,全員運用六標準差的 DMAIC 品質改進工具,將產品不良率控制在 3.4PPM 的水準,並向更高的品質控制目標邁進。可見,

第四章　管理就是這麼簡單

在追求持續業績改進的同時，運用適當的工具可以最大程度地實現企業的預期目標。

我們知道，企業文化對企業的經營能力和業績增加的促進作用已經得到了企業的共識。企業文化其實更多的是一種無形的力量，它凝聚精神，產生動力，規範員工的行為，強調的是一種對共同價值觀的認可。因此，我們把企業文化看作是一種觀念，一種能促進企業發展的管理觀念。現實中，很多企業，無論何種性質、何種規模都在積極地建設自己的企業文化，因而作為有形的管理工具之一的企業文化手冊的流行就成為必然。作為一名顧問，我始終都認為，企業文化手冊是宣傳、灌輸企業文化理念的有效工具之一。一般來說，沒有一個內容豐富、樣式精美的企業文化手冊，要想實現企業文化的目的是無法達成的。六標準差、企業文化手冊等都可以看成是管理者實現企業管理目的的有效工具。當然，這些管理工具能否發揮它們的作用的前提包含著管理者的觀念。觀念能否轉變與接受，對實際的管理至關重要。實際上，在目前的部分企業，特別是民營企業，更關注的是管理工具，這一點在我從事顧問工作的過程中可謂是深有體會。有一段時間，公司在力推目標管理，其中就包含著一些自主研發並在部分企業中成功實現目標管理的工具——目標管理卡。在推行的過程中，經常會遇到這樣的現象：客戶非常急切地想要目標管理卡。其實，任何一種管理工具的實施都是有其運用的環境要求，沒有任何一種管理工具是萬能的。很多客戶儘管能知曉其中的道理，但也許是迫於市場的壓力或其他原因，他更想得到的是現實能操作的工具，也就是我拿來就能用。然而，一些企業的管理儘管是先進的、科學的，但運用的並不好，極大地增加了管理的成本。

透過以上我們對管理的觀念與工具的闡述，我們基本上可以得到這

樣的認知：觀念與工具對企業的發展都是至關重要的，並且二者缺一不可。由此，進一步結合我們在前面闡述的有關管理的話題，就完全可以洞悉管理的真正所在，即，管理就是觀念與工具的平衡。管理首先是一種觀念。事實證明，企業的管理者採用某種管理模式的前提是他接受並認可這種管理會為他帶來管理的便利。在此基礎上就會大力推行這種管理模式所衍生的基本工具，將二者結合起來實現管理的目的。關於平衡的做法，表現在執行過程中就是一個到位的問題，這一點我們將在下一章著重闡述。

管理，我們說它是一種觀念，也是一種工具，並且透過在執行過程中的平衡運用，實現管理的價值所在。那麼，我們如何看待管理是觀念與工具的平衡？現實中我們不妨透過成功管理的例子來說明管理的本質，看看管理的真諦到底是什麼？

H公司從1984年負債184萬元的集體企業發展到2004年的全球化企業，其全球營業額突破一千億元。它的成功儘管眾說紛紜，但追根究底還是憑藉其具有相當優勢的管理。無論從早期的管理十三條、全員工作的OEC，到今天的流程再造SBU，每一種管理都讓H公司走在了中國企業的前面，都對H公司的快速發展起到了推動作用。經常會看到這樣的現象，每天H公司都會接待來自各地的參觀團。他們以學習者的態度來了解和學習。

H公司將其對管理的認知發揮到了極致。它的管理完全是其觀念的變革及工具的靈活運用的結果。對於H公司的管理為什麼會有這樣的認知，我們不妨透過一些事實加以理解。

H公司文化的核心是創新，實際上應該是觀念上的創新。對管理的認知很多都來源於一家知名的企業——GE。實際上，威爾許對GE的最大貢獻在於不斷更新觀念，並採用合適的方式，比如以身作則、不斷的

宣灌等，讓企業及員工接受新觀念並能運用到工作中去。H公司也是如此。從事業部制到以金融為主導的產業變革，前進的每一步都有GE的影子。

觀念固然重要，觀念與實際的結合才能真正促進企業的發展。縱觀H公司的管理變革，每一步都有實際的工具可以讓員工更好地結合自己的工作加以利用。比如H公司強調工作的「今日事今日畢」，同時也會依靠每天的工作日清紀錄對員工進行指導與考核。透過日清紀錄，員工很容易掌握OEC的核心，加強對工作的重視程度。而同期相當多的企業，儘管也在學習OEC管理，但沒有一家能將OEC發揮出真正的效果。再比如H公司的企業文化，透過人手一冊的小冊子這樣一個便利的宣傳工具，再配以形式多樣的宣傳方式，加深了員工對企業文化的理解和認同。在這一點，很多企業雖然重視企業文化的作用，卻不一定能夠找到一個合適的工具來宣傳企業文化，甚至有的企業還沒有建立起形式上的企業文化。

觀念，不僅僅是說教

任何一個管理模式運用的前提應該是觀念上的轉變或更新，也就是說觀念意味著成功。其實，不僅僅是對管理，對任何一件事都是如此。歷史的進步、社會的發展、國家的強大無疑不是來自於觀念的進步。觀念的意義不僅僅在於推進歷史、繁榮社會，也在於對我們日常管理工作的促進。從歷史變遷的角度看觀念，可以一窺推進人類社會發展進步的原因；從現實工作的角度看觀念，可以更多地解決實際的問題。基於此，在這部分內容中，我們試圖結合歷史與現實來闡述觀念的指導作用和實際意義，藉以加深我們對管理本質的理解。

觀念在某種程度上可以說是一種思想，或是一種人為意識，因為我們很難對此有明確的界定。觀念的重要性不言而喻，但將觀念轉為實際同樣重要。其實，觀念的轉變具有相當的難度，無論是對於一個民族也好，或是一個國家以及具體到每一個人。觀念的轉變與接受一種新觀念同樣重要，而接受與轉變觀念的方式則成了制約發展與進步的瓶頸。轉變觀念，我們會有許多的做法，在接下來的內容中我們會從「說教」與「感受」兩種方式結合案例來闡述現實中到位的做法。

接受一種觀念的方式很多，不同的企業、不同的人選擇的方式不盡相同，但至少有兩個基本的方式可以借用。結合工作與顧問的經歷，我認為有兩種方式具有現實可行性，也就是「感受」和「說教」可以有效地接受外界的觀念，為己所用。

第四章　管理就是這麼簡單

感受

說到感受，作為一名顧問來說，它是一種最好的與客戶溝通，達成預期的手段。顧問的角色更多的工作是要和客戶溝通一些沒有充分了解或是未知的觀念，透過使客戶觀念上的認可，以便為客戶展開後期的專案服務工作。

通常情況下，顧問為客戶服務多會憑藉自己的工作經歷和對眾多企業的經驗來為客戶提供相關的建議或意見。一般情況下，顧問參與指導和控制工作，而不是「親歷親為」。這樣特定的工作性質決定了顧問要採用恰當的方式與客戶溝通，既能使客戶更好地按照既定的專案內容展開工作，又能確保專案的成功。顧問的工作一般有專案設定，他不同於企業內的管理人員具備一定的管理權力。儘管通常透過專案的前期動員工作，確定管理地位，但沒有對參與專案員工的考核權力，因而實際上也就不能起到代替管理者進行管理的作用。在這種背景下，為確保專案成功，顧問更多的還是透過推進客戶的工作完成專案，此時運用客戶所能接受建議的恰當方式就成為對顧問專案服務能力的考驗。如果顧問能站在客戶及員工的立場上考慮問題，透過讓他們對自己的行為產生感受，進而能演變為「自動自發」的工作，就會取得「事半功倍」的效果。

每一個顧問都會有自己獨特的工作方式，但如果能將自己的觀念或對問題的看法轉變為客戶的切身感受，從而主動地接受，那麼顧問最起碼的價值就能得到很好的展現；而客戶也可以透過感受，對你的建議「曉以利弊」，避免心理上的「牴觸」。其實，每個人都有天生的自我保護意識，就像我們現在習慣性地抵制推銷一樣。不論對方推銷的產品如何，我們首先會潛意識地拒絕，行為上會表現為「漠不關心」或「嚴正拒絕」，更進一步就像許多辦公室辦公室的門上貼的「推銷者謝絕入內」一

觀念，不僅僅是說教

樣，乾脆「避而遠之」。為客戶提供顧問服務同樣如此。任何一個企業都會存在各種問題，顧問的工作則是幫助客戶透過對實際問題的解決實現快速成長。但現實中，客戶對自身的問題都有些「諱疾忌醫」。一看到顧問來訪，首先自己就會想：「唉！要來挑我毛病了。」即使你有很好的建議，如果「名正言順」地提出來，通常不會有哪個客戶能接受。畢竟，客戶在擅長的領域內已經有所成就，顧問又怎能做到比客戶還要了解客戶呢？

以上的情形，相信每個顧問都會遇到。那麼，顧問又如何能做到讓客戶接受自己的觀念、看法，從而轉變為實際的執行呢？

俗話說：「耳聽為虛，眼見為實。」對一件事，我們不會相信「道聽塗說」，除非親眼所見，甚至是當事人參與其中，自己有真實的感受，才能對這件事建立起自我認知。給客戶建議時不應該直白地指出客戶的問題所在，而是透過橫向和縱向的對比分析，讓客戶自己去判斷，客戶則有可能透過實際的感受接受顧問的觀點或是建議。

所謂橫向與縱向比較方式是顧問為客戶提建議時針對某件事或特定問題向客戶闡述自己看法的慣用做法。橫向分析是透過對和客戶處在同一層級的成功或失敗的客戶進行剖析，讓客戶了解身邊的企業或行業一些變化的特點，讓客戶獲得更多真實的資訊，從對比中認識自己；而縱向分析則是透過時間上的比較，讓客戶清晰地了解過去以及未來的變化趨勢。二者結合，客戶基本上會透過故事性的闡述，理解並認可顧問的看法，並進一步和自身的現狀結合起來。

透過讓客戶自己建立感受，從而接受顧問的建議或意見，必定會比單純的強制性灌輸或是簡單的推銷效果要好得多，同時也會為顧問下一步的工作建立起良好的溝通與信任的基礎。在此基礎上，後期的建議、培訓甚至是專案服務才能一步步展開。

第四章　管理就是這麼簡單

說教

　　一般來說，任何一件事透過感受建立起來的印象最為深刻、讓客戶接受顧問的建議或意見更是如此。感受是讓人接受觀念最好的方式之一，同樣，說教也是一種有效的方式，特別是針對企業管理。

　　記得有一次和一位大學的教授談起社會顧問和學校顧問的區別時提起過關於說教的話題。在社會上當企業顧問，對自己的觀點或看法絕對不能簡單地透過說教的方式讓客戶接受；而對於學校裡的學生，大部分老師基本上都會採用「照本宣科」的說教方式讓學生接受校方制定的教學計畫。對於基礎教育來說，說教是一種最好的方式之一，它可以讓學生在較短的時間裡完成對步入社會的基本知識和技能的掌握，並建立起對問題的基本看法。此時，如果試圖通過感受的方式讓學生接受教學內容則是「無米為炊」，沒有相關的經歷和閱歷，又何來感受。

　　其實，在企業管理中，說教也是一種教育員工接受企業的一個必要方式。說教好比是企業管理員工思想的「填鴨式」說教方式。

四、「填鴨式」說教

　　企業員工心理因素受多方面的影響，在加入企業之前就有許多已經成形的心理因素。在工作的過程中，這些心理因素還可能發生變化，也許是有利的，也許是不利的，總之是很難掌握。員工心理因素的好壞，可以影響企業管理的成敗。就像一支軍隊，如果每個士兵都具有良好的抗壓性，那麼在任何環境下都能顯示出克服困難的巨大力量。對企業也是如此。當市場環境發生劇烈變化時，就要求企業有一支抗壓性良好的員工隊伍，能和企業共渡難關，共同迎接挑戰。

觀念，不僅僅是說教

對企業來說如何能夠充分了解員工的心理因素？其實，了解員工的心理因素有很多方法可行，但最現實、最有效的做法就是企業要將企業所希望員工應該具有的心理因素透過「填鴨」的方式灌輸給員工。一方面，將進入企業的員工盡可能地塑造成一個標準；另一方面又能最大限度地掌握員工。這樣做對員工、對企業都是一件好事，對雙方來說是雙贏。對員工來說，現代社會更看重的是適應能力，員工作為一個個體的代表只有適應企業的大環境才能有更長足的發展；對企業來說，將員工進行改造，適應企業的發展方向，可以減少很多內在的阻力，加速企業的發展。透過「填鴨」式的說教，可以使企業在今後的管理中隨時追蹤員工的心理因素，充分掌握員工的心態。

透過說教的方式基本上可以讓員工潛移默化地接受企業的管理。比如企業提倡企業文化，關於理念、作風等企業基本理念很難透過制度的形式讓員工認同。而透過持續地說教則可能達到建設企業文化的目的。像 H 公司在宣傳它的企業文化時，說教是一種比較有效的方式。H 公司透過諸如企業文化手冊，甚至是在員工就餐的餐廳以電視播放等方式，反覆提及它的企業文化。時間一長，員工自然就會在心中留下深刻印象，藉以達到宣傳企業文化的目的。

對於一件事，讓對方接受，說教是一種看似複雜卻實用的方式之一。特別是在企業對員工的管理過程中，因為涉及的範圍大而無法讓每一位員工都能有自己的感受，此時透過說教的方式可以讓員工「被動」地接受企業的倡導，時間一長則會轉化為具體的行為，實現企業宣灌企業理念的目的。

人人在手的工具

記得小時候經常玩一些個人製作的小遊戲,雖然當時往往缺少一些相關的道具,但想法非常的豐富。有時自己會找一些材料來做車子,當時用的材料就是算盤、撲克牌和麻將,採用簡單的堆疊方式將麻將和撲克牌按自己的想法與算盤結合在一起,就成了各式各樣的車子。記得當時不厭其煩地玩這個遊戲,其中一個原因就是「不穩固」,經常會出現搭著搭著就散掉的情況。因為實在想做成一個又大又好看的車子,因此每次都是耐著性子,不厭其煩。

其實這個遊戲放到現在非常簡單也很容易,最起碼一般會一次成功。為什麼這樣說呢?自己小時候玩的時候只能是一個個組裝,而現在我們有了雙面膠,將麻將和撲克牌疊在一起就會很牢固,不用擔心搭著搭著就散掉。可見,同樣是小孩玩的遊戲,前提的想法基本都會一樣,但結果並不一樣。很現實的是,我小時候玩這個遊戲時根本沒有什麼雙面膠,又不能用膠水黏,很多車子的造型不能實現;現在有膠帶,有雙面膠,甚至有更高級的材料,做起來自然輕鬆。

以上是不同時代小孩玩遊戲的對比,其實無非是想說明觀念或是想法的實現藉助於工具更加容易。有一個好的想法,沒有現實可行的操作工具也只能是「竹籃打水一場空」。因此,將上面小孩玩遊戲的故事引申到企業管理中同樣適用。企業管理不僅需要管理實現的前提條件,也就是觀念;同時也需要一定的工具來實現觀念與現實的轉變。

工具是觀念轉變為現實的載體

記得美國宇宙航天中心的大門上刻著一句話:「If we can dream it, we can do it.」確實,人類自古就有飛天的夢想,從早期的人類藉助大鳥的羽毛,甚至是以火藥助推的火箭,到今天的太空船等,人類自始自終都在追求著能像鳥類那樣在天空中自由地翱翔。慶幸的是,人類靠自己的智慧基本上能夠做到自由地遨遊,但依靠的借力工具的先程式度決定了人類的遨遊水準。儘管飛天之夢是美好的,人類也越來越深刻地理解了宇宙,但沒有相應的助推工具,人類幾乎不可能做到這一切。

生活與工作中我們不乏好的想法、超前的觀念,但經常會出現無法實現的窘況。管理中也有這種情況:管理者對下屬進行「授權管理」,讓下屬發揮他的工作積極性與主動性,以此提高工作效率。觀念的出發點是好的,但如果沒有事先確定關於「授權管理」的標準制度,「授權管理」就等於「濫用管理」。「授權管理」的前提是一種管理者觀念的進步,而同時輔以必備的工具,讓下屬確定「授權管理」的條件,包括許可權、責任、義務等要素,相信「授權管理」會產生應有的效果。也就是說,管理者給了員工一個明確的「授權管理」的工具,讓員工藉助工具來有效行使管理者的「授權」,管理者「授權管理」的管理觀念才能轉變為現實,從而實現「授權管理」的價值。

「授權管理」需要必備的工具才能發揮「授權」的效果,其他管理也是如此。

目前的企業管理已經大量借鑑西方的先進管理,諸如平衡計分卡、現場管理、六標準差、關鍵業績指標等管理模式和工具,企業的管理者對此基本上是瞭如指掌,但現實是大部分人並沒有在管理過程中充分發

揮它們固有的價值。實事求是地講，管理者對以上提到的相關管理模式和工具是非常清楚的，而且已經將它們移入管理者的管理思想中來，但對於管理實施的工具掌握的卻不好，因而導致「好種子不結果」。比如說「流程再造」希望達到的是：透過流程再造，打破部門間的「牆」，直接面對市場，讓市場消息直接進入到流程的每個環節中。實現這一個過程不僅僅觀念上要進行徹底的變革，而且也要藉助資訊化的工具來實現。任何一家流程再造做得好的企業都離不開資訊工具的運用。透過對資訊化的軟體與硬體的組合運用，實現資訊的共享。另一方面，儘管有的企業也認同「流程再造」的作用，但並沒有和資訊化的工具結合，因而「流程再造」的效果沒有最大程度的顯現。雖然對各個部門的流程進行了大規模的書面調整，但並沒有將資訊放到公共的平臺上，因而只能是對原有流程的完善，而並非「再造」。可見，如果說管理者有好的管理觀念要實行，藉助工具是必然，否則再好的觀念也無法轉變為現實的價值。

顧問手中的工具

企業的管理者需要藉助一定的工具將管理觀念轉變為現實，顧問也是如此，更需要客戶可見的工具將觀念推薦給客戶，並產生價值。顧問憑藉自身的經驗和經歷，整合觀念，傳遞給客戶，希望為客戶帶來意想不到的收穫；而為了完成這一個目標，顧問就必須透過專業的工具，讓客戶循序漸進地理解並接受自己提出的觀念或看法。隨著市場環境的不斷成熟，企業需要更加縝密、可行的方式，這時的工具不僅可以讓客戶了解來龍去脈，更可以建立雙方的信任與合作關係。

顧問在過程中會面對諸多的企業管理問題，解決問題的方法也是多種多樣。比如介入客戶專案之前一般都會有前期的基礎數據調查。提意

見時通常會用資料進行橫向與縱向的對比，以此說明客戶的現狀以及專案的展開方向。對於資料的整理採用數據圖形式，同時附以文字性的分析，幫助客戶進行判斷；在專案進展的過程中，顧問根據專案管理的甘特圖表的計畫來安排階段性的里程碑彙報工作，向客戶通報專案的階段性情況。此時，顧問會採用一定的工具來說明專案階段的「來龍去脈」，也就是讓客戶知曉專案要解決的問題以及解決問題的辦法。這一個階段的工具經常會採用 PPT 形式展示，而具體的講解工具會採用諸如 SWOT 分析、問題樹分析、腦力激盪等等，並將經過工具分析的專案進展情況以書面的形式呈現出來，使專案管理有條不紊、層次清楚，同時也可以給客戶吃一顆「定心丸」，加深對專案的理解與支持。

事實上，一名出色的顧問對企業的價值在於經驗與經歷的累積，並運用理論與實際相結合的方法，為客戶提供解決問題之道。顧問的經驗來自於自身工作與學習的感悟。顧問面對各行各業、各具特色的企業管理者與企業，在與他們接觸的過程中不斷增強自己的經驗和能力。每一次面對一個新的客戶，顧問會自然地將自己的經驗和經歷與客戶的實際情況結合起來，進而再憑藉豐富的理論知識與操作技能，將自己的資源優勢嫁接給客戶，實現客戶對建議的預期。在建議的過程中，客戶一方面想更多地了解環境的資訊，包括行業、管理、競爭對手等；另一方面也想透過顧問能夠找出解決自身問題或困惑所在。此時，顧問不僅要將整理的資料有目的地灌輸給客戶，還要透過大量的工具來實現這種灌輸，而不是一味地對客戶「指手畫腳」、「上傳下達」。可見，任何一個專案成功的因素之一就是專業工具的運用，從而能更有效地讓客戶參與到專案的建設中，保證專案的有效實施。

人人在手的工具

顧問需要藉助工具將自己的觀念與操作的可行性傳遞給客戶；企業管理者需要必要的管理工具實現對企業與員工的管理；同樣，企業員工也需要相應的工具完成自己的工作。在管理企業的過程中，只有好的觀念、想法，告訴員工去做，而沒有藉助與參照的工具，員工就無法有效地按管理者的意圖工作。因而，雖然觀念是需要工具來實現，但對於企業員工來說，僅有工具是一方面，更重要的是應該做到工具的「人人在手」。

任何一個企業都會制定許多管理制度，以此成為引導與約束員工有效工作的工具。事實上，很多企業的管理制度基本上都是塵封在檔案櫃裡，只有在發生問題或是在員工培訓的時候才拿出來「照本宣科」。當然，也有企業是在出現問題的時候才根據問題補上管理制度。企業這樣做也許是出於「內部資料，不得外傳」的考慮，避免將企業內部的管理資訊透漏出去。但另一方面，員工儘管接觸到企業的管理制度，畢竟沒有認真地「消化」，事後還會犯同樣的錯。其實，管理者如果能將管理制度以人手一冊的形式發給員工，就像企業文化手冊那樣做到隨時了解，員工就可以更加深刻地領悟與認同管理制度。這就好比是學生的教科書，天天不離手，考試的時候自然會有準備；如果只是在課堂上講解，學生沒有機會在其他時間理解，考試的時候心裡也會不確定。

管理工具做到「人人在手」不僅可以提高員工的執行能力，也可以減少許多「互相推卸責任」的情況。將管理制度等工具做到「人人在手」就等於「人盡皆知」，事後工作不佳也能更好地「究責」，否則員工通常會找出很多理由辯解，其中諸如「不清楚」等推辭。因此，「人人在手」的工具不僅給每個員工完成工作提供了幫助，也暗含責任的界定，讓員工對自己的工作結果負責。

知之甚多,行之甚少

記得有一次聽一位講師的商務禮儀的課,其中講師在開篇的時候著重談了「禮」和「儀」的關係,印象頗深。所謂「禮儀」應該是禮貌的表現形式。具體說來,「禮」是一種道德的基礎、觀念;「儀」則是一種技巧和表現。「禮」和「儀」的結合才能表現出一個人的道德水準和行為素養,二者可謂缺一不可。

同樣,管理也是如此。我們將管理看成是觀念與工具的平衡,管理首先是一種觀念的認可,進而透過一定的工具將觀念轉變為現實。基於以上的認知,在管理的實際過程中,管理就展現為「知」和「行」。對於管理者來說,他要盡可能對管理的理論與實際有相當的了解和掌握,並將這種對管理的理解透過自己和下屬的行動得以表現,這也就是管理中經常強調的管理的知行和一。透過知行合一,管理才具有真正「管」和「理」的作用,管理的價值最終得以展現。

知之甚多

記得曾經有一個服務過的客戶,是一家提供大眾消費品的生產製造型企業。因為客戶提供市場的產品經常為投訴所累,平均下來大概每兩天就會有一件產品投訴,而且產品品質的投訴經分析後有相當比例來自於企業內部,所以客戶想到了和顧問公司一起來解決生產上的問題。在與客戶初次接觸的過程中,我發現客戶對現代企業的管理模式和先進經驗頗有心得。還沒有來得及談企業的具體現狀,客戶就和我談起先進管

第四章　管理就是這麼簡單

理的話題。作為一名顧問，我的研究領域在企業的管理控制上，這個領域的研究較為廣泛，策略、組織、流程、人員管理、企業文化等都是這一個範疇內的研究對象。在研究這個領域的同時，除了自己的心得與總結之外，一些先進的東西我也要借鑑。因此，與客戶談管理，我盡量在我所擅長的領域與客戶溝通。談到生產管理，涉及的內容很多，我也不是說每一項都能遊刃有餘，比如生產過程中的一些數據分析和控制，這些和對人的管理還是有區別的。儘管如此，我還是對生產的管理要素有自己的判斷和掌握。談到生產過程的現場管理，客戶提到了現場5S管理；談到生產改進，客戶提到了QCC；談到流程管理，客戶比較認可BPR；談到生產效率，客戶又提出了JIT。試想一下，如果一個企業具備了這些管理能力，那麼這個企業應該具有強大的競爭力。但正好相反，客戶儘管提到了這麼多好的管理辦法，但卻沒有採用任何一種，依然是按照傳統的生產管理進行生產控制。

以上這個客戶只是一個頗具典型的代表，這樣的企業管理者還是很多的。即使很多企業對管理的知識已經非常豐富，任何一種管理對他們來說基本上能做到「一提便知」，但同時我們也會看到大多數的管理者還是停留在「知」的階段，我們知道知識競賽是誰知道的多誰就是勝利者，但企業管理不是一場知識競賽，「知之甚多」並不意味著企業能成長，將「知」轉化為「行」，企業才能逐步快速地成長與成熟。

行之甚少

現實中有許多這樣的人，他們經常是說得多做得少，也就是說的時候「一套一套」，到做的時候又看不到人。現今的企業也存在類似的管理者，他們熱衷於追求「先進」的管理模式和手段，以此能夠改變目前的管

理現狀,但往往是「曇花一現」,並沒有將這些好的管理應用到執行上,取而代之的還是用一些既定的管理,諸如「臨時抱佛腳」的規章制度等。

所謂「行之甚少」並不完全是說管理者的執行工作不到位,畢竟很多的管理者還是處在「日理萬機」式的工作狀態。這裡的「行之甚少」主要說的是管理者的「行」與管理者的想法或是觀念「背道而馳」。我們說管理者具備的管理知識已經很超前了,這一點完全可以與「世界同步」。但是,表現在執行上則完全是另一回事。在執行上,管理者過多的還是採用原有的管理模式,特別是一些創新的管理無法執行。比如說現場的管理。企業借鑑現場 5S 管理的思想,並希望能將核心的內容實施。出發點固然好,但執行卻不到位。管理者一方面過多追求這種現場管理模式,但另一方面卻為展開這項管理工作設定障礙,最後即使有相關的管理規定和方法也被「束之高閣」,大家還是遵循原有的規章制度。

「行之甚少」發展到最後就會演變為一種「懈怠」的行為,而這種行為可以說是管理上的一大忌。員工的「懈怠」導致許多管理無法執行到實處;管理者的「懈怠」則會讓企業和員工迷失方向。當管理者「懈怠」的時候,他就不會有管理的欲望,更談不上什麼「知之甚多」。當管理者最後變得「不想知」沒有想法和思想的時候,管理也就走上了絕境。可見,即使管理者「知之甚多」,但在實際的管理過程中呈現出「行之甚少」,管理也不會有管理者預期的效果。

第四章　管理就是這麼簡單

第五章

簡單管理，打造一流品牌

　　企業的精神層為企業的物質層和制度層提供思想基礎，是企業文化的核心；制度層約束和規範精神層和物質層的建設；物質層為制度層和精神層提供物質基礎，是企業文化的外在表現和載體。三者互相作用，共同形成企業文化的全部內容。

　　企業文化在當今市場瞬息萬變的情況下，顯得尤為重要。石頭可以被風化，水可以被蒸發，鐵塊可以被腐蝕，所有的這一切實物都不會永久存在，唯有文化和精神會被永久地延續。企業要能夠永續發展，基業長青，必須要建立符合企業實際及自身特色的企業文化和企業精神。

第五章　簡單管理，打造一流品牌

做個會講故事的老闆

　　做老闆要會講故事，這樣對企業形成自身特色的企業文化和企業精神具有非常重要的作用。

　　我們經常在服務一家企業的時候聽到老闆們講述他們創業的故事，但我們卻很少見到企業的老闆會當著公司全員的面講他那些不為人知的故事。以我們多年為企業做管理顧問的經驗分析，老闆經常講企業發展的故事給員工聽，不失為一種非常好的營建企業文化和企業精神的創意。

　　我們注意到，一個企業的文化、精神和這個企業的價值觀，其實就是老闆的文化、精神和價值觀。為什麼呢？從外在因素看，如果一個公司的老闆外表高大，那麼他的企業各級管理人員，基本上也都比較高大；如果一個公司的老闆長得比較矮小，那麼這個公司的各級管理人員基本上也都比較矮小；如果一個公司老闆說話的時候態度比較隨和，不容易生氣，那麼這個公司的各級管理人員，基本上也都比較隨和，不容易生氣；如果這個公司老闆比較容易發飆，那麼其公司的各級管理人員基本也都很容易發飆。這難道是一種偶然現象嗎？難道是公司的各級管理人員為了迎合老闆，而刻意做出來的嗎？不是！是因為一個公司的文化其實就是老闆的文化，老闆的一言一行都會改變公司各級管理人員工作的想法和做法。當我們對一個公司進行深入調查診斷後，有時會發現很多管理方面問題的出現甚至讓我們感到不可思議。

　　作為老闆經常會認為，這些管理者太不像話了，交代的工作從來都

沒有及時回饋；所有的管理人員從來都不會主動去做他們本來應該做的事；為什麼別人的公司管理得那麼完美，而我的公司卻會出現如此現象……太多太多的不解，太多太多的疑慮。每當看到老闆在為諸如此類的事煩惱，我便深深地感到老闆是最累的，因為他們不得不每天夜以繼日地處理永遠也處理不完的事；老闆又是最孤獨的，因為面對著客戶，不得不挖空心思，想著如何才能找到更多的客戶，有時候不得不改變自己的習慣來迎合客戶的愛好，活不出真正的自我；面對著公司的各級管理人員，又不得不時刻保持著做老闆應有的身分；下屬職員也因為顧慮老闆對自己的看法和工作能力問題，經常報喜不報憂，老闆聽不到真心話，甚至面對家人，也很難吐露自己的苦衷。於是做老闆的只有把所有的痛苦、煩惱、困惑、孤獨都深深埋藏在心底，這樣非但對老闆的身體健康有很大影響，更不能讓企業各級管理人員及公司的全體員工了解企業的發展歷史，了解老闆的創業過程。

　　我們的各級管理人員則會認為，工作沒有做好，能怪我嗎？我的上下左右都沒有做好，我一個人做好能有什麼用呢？反正大家都是這樣做的，我不這樣做的話，就會鶴立雞群，無法在這裡生存了。所以公司在進行正常的管理運作時就會出現這樣的情況：每個人都有想法，每個人都有主意。如果說能把這些主意聚集，就會創造出巨大的奇蹟，但當我們這些主意都比較分散的時候，就會嚴重制約公司的發展。就如龍舟比賽的選手一樣，如果大家齊心協力，龍舟就會像箭一樣快速行進，如果選手都朝著不同方向划，龍舟只會在原處打轉根本不會前進一步。

　　我們看電影的時候，如果電影劇情中的人物，將要到一個布滿陷阱的地方去，我們的觀眾就會不由自主提醒電影裡的主角：「不要去，前面有陷阱！」當主角沒有按照觀眾的意思去執行的時候，觀眾甚至會為電

第五章　簡單管理，打造一流品牌

影的主角著急。我們的企業管理就如一部電影，當我們身處其中時，很難判斷公司目前正面臨的危險及如何及時有效處理這些危險。所以我們在進行傻瓜式管理的時候，就要讓我們的企業家和我們的各級管理人員做一個「觀眾」，及時避免和處理好企業經營管理中存在的問題。

說得這樣容易，但做起來可不是那麼簡單，到底如何做呢？每當遇到這種情況，我總會想到一句話：「沒有做不到，只有想不到；只要想得到，就一定做得到。」我們前面曾經談到一個企業的文化就是老闆的文化，企業成功了就說明老闆成功了；老闆成功了，也可以說是企業成功。那麼支撐企業成功的原因是什麼呢？那就是老闆文化，也就是很多支撐著公司老闆在創業時期打拚的想法和那些不為人知的故事。而所有的這些都是公司不可多得的寶貴財富，這些故事在公司最為艱苦的創業階段，支撐著企業走了過來，那麼在我們的企業發展到一定規模的時候，更離不開這些寶貴的精神財富。但是我們很多的企業老闆卻忽略了這一點。其實，只要把老闆的這些寶貴精神財富挖掘出來，不斷以故事的方式講給公司的各級管理人員聽，講給公司的基層員工聽，引起他們的共鳴，就可以把公司所有員工的想法和行為凝聚在一起，逐步形成公司特有的企業文化和企業精神，維繫公司的正常發展，奠定企業基業長青的基礎。

企業成績及現階段的經營發展情況

我們在前面曾提到企業文化分為：精神文化、制度文化和物質文化。但現在很多企業都還只停留在制度文化和物質文化上，很少有企業能夠形成有自身特色的精神文化。當企業發展到一定階段時，單靠制度文化和物質文化，已經不能完全滿足現在企業發展的需求。──正如馬斯洛的五大需求所描述的那樣，當企業只能滿足員工物質方面的需求時，就會面臨應徵不到員工的問題。所以企業不同的發展階段，我們要建立適合的企業文化來滿足不同階段員工的需求。

隨著企業規模不斷發展壯大，公司職員的需求也在發生著相應變化。當企業文化不能夠滿足變化中職員需求時，就會造成員工的流失；當企業文化不能夠吸引員工時，就造成企業徵不到員工。到底如何留住員工呢？如何讓員工願意加盟公司呢？具體的內容我們會在後面的章節裡做詳細的分析，在這章裡我們就重點談一談企業老闆如何把企業今天的故事講好，從而促進公司正常有序發展，增強員工的忠誠度和積極性。

員工剛進入公司的時候，通常會有這樣的感覺：第一個月，看山不像山，看水不像水；第三個月的時候，看山有點像山，看水有點像水；到了六個月之後，才會看山像山，看水像水。這時候這個員工就基本融入了公司文化。所以當員工剛進入公司的時候，是對員工進行培訓的最好時機，因為員工剛到公司就職的時候，公司對他們來說既是陌生的，又是新鮮的，這時候如果對員工講企業今天的故事，能夠讓新職員對公

第五章　簡單管理，打造一流品牌

司有很清晰的了解，增強員工對公司的信心。企業需要讓新員工知道公司的發展現狀以及公司具備怎樣的發展潛力。實際上很多企業都沒有做到這一點，由於市場需求的不斷增加，迫使企業不得不加快營運速度，迫切要求新員工盡快投入到工作狀態中去，而忽略了新員工的培訓和教育。而當員工到崗後可能會發覺原來公司並非想像的那樣，於是選擇了離開。這樣就造成員工流失加大，也造成公司一些負面影響。所以企業的老闆講好故事是非常重要的。

老闆講好企業故事更有利於公司健康發展，更能夠讓企業老闆清楚企業的發展現狀，更能夠讓公司各級管理人員知曉自己的職責，讓所有的員工都能夠明白自己在公司正扮演著什麼樣的角色，同時企業老闆講好故事還能夠發現很多企業現存的問題，以便能夠及時改進。

當老闆不願意去講企業故事的時候，員工就會認為他的正常勞動付出沒有得到應有回報，自然就會產生負面情緒甚至離職。如果沒有去正視企業今天的故事，那麼就很難發現隱藏在企業中的無形問題，甚至有些是致命的問題。如果講好故事，就會很容易找出企業目前正存在的問題，並能夠針對這些問題及時給予解決。同時員工也能夠很清楚地意識到自己現在到底為公司創造了多少價值？自己的工作是不是讓公司滿意了？是不是達到了公司要求？如果要獲得更好的報酬應如何更好地為公司服務，等等。

溫水煮青蛙的實驗很多人都聽過，當我們把一隻青蛙放在煮沸的開水中時，這隻青蛙會迅速從開水中跳出來；再次把牠扔進去的時候，牠又會跳出來。為什麼呢？因為當我們把牠丟到開水中去的時候，青蛙會立刻感到外界環境的變化而作出反應。但當我們把同樣的這隻青蛙放在冷水中，會怎麼樣呢？我們會看到青蛙在水中自由地游來游去，牠會感

到非常舒服。這時我們在放青蛙的容器下面點燃一盞酒精燈，隨著時間推移，容器裡的水溫會慢慢升高。青蛙會感到外界的環境發生了輕微變化，但牠還能夠適應，隨著水溫逐漸升高，青蛙也已經慢慢地適應這種溫度的變化，最後這隻青蛙竟然被活活煮死了。

這個故事告訴我們，作為企業老闆，不僅要懂得如何經營自己的企業，還要懂得如何管理自己的企業，而講好企業今天的故事，則對員工融入企業文化，改善公司的管理現狀有著重要意義。

在如今競爭異常激烈的市場環境下，我們的企業為什麼能夠生存下來，靠的是公司產品？客戶？機器？工廠？工人？管理人員？還是……？

正如通用原執行長傑克・威爾許所倡導的無邊界管理一樣，要拆掉公司部門與部門之間的牆壁，讓所有的一切都變成無邊界方式。在企業裡老闆把企業今天的故事講好，就是要讓所有的職員，都十分清楚知道自己在做什麼事？怎麼做事？也許老闆會認為沒有什麼好講的，但是企業之所以能健康發展到現在是有原因的，這裡面肯定有很多不同尋常的故事，講出來並作為公司的一種文化去宣揚，對員工忠誠度的提升和企業文化的形成是很有幫助的。

第五章　簡單管理，打造一流品牌

讓職員清楚公司的策略規畫

　　明天意味著希望，明天是支撐著我們所有人努力向上的一個非常重要的精神支柱。當我們的老闆講述企業明天的故事時，公司所有的職員就會衝著企業美好的明天，衝著自己美好的明天去奮鬥，去打拚。

　　很多人在談「金錢不是萬能的，但沒有錢卻是萬萬不能的！」時，我們一直在強調「財富只是工作順帶的結果，而不是必然的結果」。

　　很少有企業在進行管理的過程中去關注企業的目標、企業的明天。這就導致企業整天都限於互相推卸責任的狀態中，員工都是抱著賺錢的唯一目的來從事現在的工作。很少有人清楚地知道自己到底是在做什麼，很少有人知道自己正在努力工作的公司明天將是怎樣的，很少有人知道自己透過認真努力後，到底會到達什麼樣的目的地，很少有人知道企業的未來到底與自己的切身利益及自己的未來有什麼樣的關係。

　　企業的未來是企業發展的不竭動力，企業的明天是公司所有職員的希望和寄託，只有企業給所有的員工描繪出美好的藍圖，才會讓企業的全體員工激發出高昂的鬥志和工作熱情，為迎接企業不斷面臨的挑戰和挫折而堅不可摧。

　　現在能夠講好企業故事的企業家不多，願意講企業故事的企業家也不多，知道企業故事的員工就更少了。

　　當這些企業發展到一定規模的時候，企業內部各項事物的繁雜使得老闆們整天忙得焦頭爛額，無暇去思考這個問題。其實透過我們多年來服務眾多企業的實際情況分析，這裡面有一點是非常重要的，支撐企業

健康穩定發展的最大因素就是老闆多年來在經營企業過程中所融進去的非常寶貴的智慧和想法。如果對企業的發展歷程進行總結分析，然後加以整理濃縮，透過講企業故事的方式把這些想法和智慧貫徹到企業管理中去，對企業文化及企業精神的營運都具有著非常重要的意義和價值，從而凝聚成企業靈魂，指引企業朝著更加健康的方向發展。

老闆要樹立偶像作用，要讓公司員工為老闆的平凡偉大所嘆服，要讓自己的形象在公司得到廣泛的認同和推崇，就要會說故事。

第五章　簡單管理，打造一流品牌

儘管走自己的陽光道

　　當市場競爭越來越激烈的時候，大部分企業都選擇透過降價方式來盡可能獲取最大的市場占有率。降價似乎成了企業強占市場和維持生存的「獨木橋」。「雙橋好走，獨木難行」，能夠在「獨木橋」上長期走下去的企業畢竟是少數。有可能今天我的平衡能力和根基比你強，很容易就把你擠下橋去；明天我贏得了一個機會，把他擠下橋去；後天你又把我擠下橋去。就這樣擠來擠去，市場在不斷的洗牌，「獨木橋」的現象在反覆重演。似乎除了降價的「獨木橋」外便再也沒有其他的出路。

　　這不得不讓我們對此現象進行認真思考：在市場飽和，供大於求的時期，如何才能走出具有企業自身特色的陽光大道呢？為什麼同樣的產品貼上國際品牌的商標就能夠賣出這麼高的價格？為什麼當我們發現了這個祕密後，把原來貼別人商標的產品，貼上自己申請的商標放在市場銷售，價格比別人低很多卻無人問津呢？為什麼很多國外的大品牌能夠經營百年，而自己的品牌卻只能風光一時，曇花一現呢？為什麼？為什麼？……太多的為什麼！

　　對品牌的理解也都是見仁見智。很多人認為，品牌就是要有自己的商標，就是在市場進行廣告宣傳，就是要有良好的產品品質，就是自己的產品要有技術含量，就是企業老闆要有誠信度，就是做好服務，是一個策略性的課題，品牌就是……什麼是品牌呢？

產品是一切品牌建立的前提和基石

我們就企業在實際進行品牌建立時所發現的一些規律做過一些分析。不管如何理解品牌的涵義，所有的品牌都必須基於產品基礎之上，離開了產品去理解品牌的涵義，談論品牌的建立，推進品牌的發展，維護品牌的形象，就猶如空中樓閣一般，只是一種幻想而已。

隨著社會經濟的發展，人們對品牌的需求也越來越迫切了，商家為了迎合消費者，紛紛打出了自己的品牌。

可口可樂進入中國市場的時候，制定非常周密的市場行銷和品牌推廣計畫，在很短的時間內，可口可樂品牌便占據了市場的主導地位，可口可樂品牌做得非常成功，已經上升到品牌的最高境界，就是品牌精神。歷經多年發展，可口可樂已經形成了完全具有自身企業特色的品牌體系，但所有這些光環，如沒有良好的產品基礎，就會像空中樓閣，即使不是幻想，也只能是過眼煙雲。

很多企業連最基本的產品都沒有做好就在大談特談品牌建立，這就失去了品牌建立的基礎，即使透過鋪天蓋地的廣告宣傳、媒體炒做或者是非常高明的行銷手段，也只能創造一時輝煌，無法締造永續基業。

賦予產品鮮明的概念是品牌成功的敲門磚

—— 現在市場上銷售的洗髮精有很多品種，為什麼就只有海倫仙度絲去頭皮屑呢？其他洗髮精不去頭皮屑嗎？用其他洗髮精和用海倫仙度絲去頭皮屑的效果差不多，為什麼談到去頭皮屑就首先想到海飛絲呢？

這就是品牌概念的先入為主，即使是同樣的產品，如果我們沒有及時去發現挖掘產品的概念，最後也只能落個為他人做嫁衣裳的結局。

第五章　簡單管理，打造一流品牌

我們在幫企業進行組織結構設計的時候，首先要考慮到橫向管理的幅度大小，一般一個人的橫向管理幅度大約是 7～8 個人，這是最佳的管理幅度設計。一個成功的品牌，他留在消費者心裡的印象是很深的，但是人們大腦中能夠記住的品牌數量也和人的思維局限及記憶深度的限制有很大關係。透過實際的調查和測驗顯示，人對某一行業品牌的認知度一般也只有 7～8 個左右，第 8 個以外的品牌便會在人的記憶中暫時消失，我可以隨便問幾個問題。

請在一分鐘之內說出你所能知道的洗髮精品牌：
飄柔、海倫仙度絲、潘婷、舒蕾、沙宣⋯
請在一分鐘之內說出你所能知道的汽車品牌：
賓士、BMW、奧迪、福斯、Honda、豐田、NISSAN⋯
請在一分鐘之內說出你所能知道的手機品牌：
Motorola、蘋果、三星、OPPO、Sony、紅米⋯
請在一分鐘之內說出你所能知道的 xxx 品牌：
⋯⋯

這樣的問題我們可以問出很多，但在一分鐘之內能夠報出的任何一個行業或產業的品牌基本上都不會超過 8 個。為什麼一個成功的品牌必須要在這 8 個範圍之內，而作為商家如何才能保證自己的品牌能在消費者的 8 個品牌記憶圈內呢？

我們首先要做的就是賦予企業品牌鮮明的概念，透過對自身企業，自身產品以及企業的產品在同行業中所扮演的角色進行認真分析，濃縮，總結提煉出品牌的概念，然後運用最佳的行銷手段加以推廣和傳播，讓品牌概念短時間內在消費者心目中形成固有的概念，一旦當這個概念形成，便是非常可怕的一件事情，因為它已經牢牢印在了消費者的

腦海中，很難輕易抹去。在這樣的情況下，後來者就是花上幾倍的精力和時間，也無法達到同樣的效果。

我們再來看一看，一些大公司是如何把品牌概念很好應用在自己企業和產品上的。賓士公司賦予其品牌的概念就是地位，開賓士車是地位的象徵，是一個人在取得事業成功或者是有一定身分時候的一個展現。買賓士車必須要請一個司機，如果老闆自己開賓士的話，有可能就會被別人誤以為是司機了，而不能表現出擁有賓士的地位象徵。BMW公司賦予其品牌的概念則是瀟灑，開BMW必須要自己開，才能展現出瀟脫奔放的豪情。富豪汽車公司賦予其品牌的概念則是安全，富豪汽車公司在生產汽車的過程中，每一個部位，汽車製造的每一個細節都把安全這個概念呈現得淋漓盡致。我們會問，既然富豪汽車及盡所能展現安全的概念，是不是賓士就不安全呢？BMW就不安全呢？賓士、BMW也都很安全，但如果要是買安全的話，可能消費者就會首選富豪汽車；而要想表現身分和地位的話，賓士就首當其衝，而BMW就成了人們休閒娛樂，瀟灑人生的必備車了。

某A公司成立於1985年，剛開始的時候公司是生產低壓電器產品，後來轉型生產汽車零件產品。我們是在2000年的時候接觸到A公司的，這時它已經發展到年產值3,000萬左右的規模，生產的產品主要是汽車上比較易損的球籠、球頭、球銷、減震器等，當公司歷經了15年的發展後，逐步累積了豐富的汽車零件生產加工的經驗，產品的品質和功能也逐漸在汽車零件市場上贏得了經銷商及終端使用者的認可。隨著生產能力的擴大，銷售額也呈現出較快的增加勢頭。但是有一個問題卻一直困擾著A公司總裁，產值增加了，公司經營利潤卻隨著原材料的不斷上漲而逐漸降低了。也就是說現在每年做3,000萬的產值還沒有做800萬產值的時候利潤高，如何提高公司的經營利潤，減輕公司的資金壓力成了

第五章　簡單管理，打造一流品牌

公司需要迫切解決的問題。這時的 A 公司彷彿已經走到了十字路口，無法判斷到底該往什麼方向走，這一步事關重大，按部就班，按照原來的經營思路繼續發展，越來越低的利潤和近乎殘酷的市場競爭，嚴重制約著公司的跨越式發展，正我們前面所說的，在低價競爭的獨木橋上，企業到底還能撐多久？

如我們對 A 公司的經營現狀及所屬行業的市場劃分、經營規律進行認真的分析後發現：

總體環境分析

☆企業經濟形勢繼續嚴峻，原材料繼續上漲，呈現緊缺局面；

☆競爭更加殘酷

（1）因為經濟形勢嚴峻，無品牌企業要為生存而全力廝殺，這些企業一定會以降價為手段對市場造成衝擊；

（2）因為尋找新利潤源的原因還有市場發展對品牌的要求，更多企業會選擇品牌經營，這使得品牌競爭加劇；

☆透過對國外市場的分析，汽車零件行業的經銷商在採購商品時從原來單一價格方面考慮向質優價廉綜合方面考慮已呈趨勢；由於從事汽車零件經營的經銷商獲得行業製造的資訊管道和速度，較以前有根本性的改變，他們有更多的選擇機會；由於資訊科技的發展，促進了社會各行業的迅速發展，交易時間較以前明顯縮短，這就促使企業的生產力要隨之提高，即交貨期縮短，生產週期縮短，交貨期提前，向行業的廠家提出嚴峻的考驗；

☆汽車產業的迅速發展給汽車零件產業帶來前所未有的發展機遇，同時也帶來汽車零件產業的發展危機，市場對從事汽車零件產業的企業

提出更高的要求,只有價格優惠、品質上乘、交貨準時才能贏得市場,才能在行業內建立信譽,長久地樹立企業的品牌形象。

汽車零件行業分析

☆汽車零件行業目前基本還處於低價競爭的格局,產品特色不明顯,利潤較低,市場管理比較混亂。此類企業產品格局大的變化短期內不會有,但繼續低價一定是其策略;

☆汽車市場的一度升溫,給汽車零件產業帶來很大的發展機遇。與此同時國內汽車零件市場的競爭也日趨白熱化,在汽車零件領域有很多企業都有一個共同特點,即生產設備先進、生產能力較強、技術力量雄厚、具備較強資金實力,但他們所欠缺的就是對行業、對市場、對客戶的系統分析和了解,還沒有做品牌的概念和意識,市場拓展的策略還只是停留在對產品品質的保證和品種的增加上,還沒有充分意識到品牌對企業意味著什麼,還沒有充分意識到企業逐年下滑的利潤到哪裡去了?經銷商及終端消費者為什麼會對洋品牌情有獨衷?不斷變化的商標和外觀包裝為什麼總不能維持?只有做別人還沒有想到的或做別人想到但還沒有做的事,才會更加成功。一旦這些企業掌握了這些,整個市場將會重新洗牌,現在看似經營很好、客戶眾多的無核心競爭力的企業,將如摧枯拉朽般被市場淘汰。

終端客戶消費族群分析

售前市場

(1)市場前景非常誘人,汽車消費市場的需求旺盛,促使很多主機廠紛紛擴大自身產能,這就給眾多汽車零件供應商帶來了很大機遇。尤其

第五章　簡單管理，打造一流品牌

是高檔轎車的需求更加旺盛，對汽車零件的生產廠家來說更是大的機遇；

（2）客戶對製造廠家的信譽、生產能力、技術研發、品質保障、規範化管理都有很高要求，而且他們的付款週期比較長，使現金流緊張的企業難以承受；

（3）客戶對供應商的選擇非常嚴格，而且週期較長，針對這種情況，應提前了解主機廠家對供應商的要求，作好準備認識他們、了解他們、接觸他們，一旦有機會便可捷足先登。

☆售後市場

（1）隨著汽車保有量的不斷增加，汽車修理廠不斷增加，其汽車零件的需求也勢必增加。很多從事汽車零件生產的企業也都清楚地知道這個道理，他們也都十分努力地想要分得一杯羹，紛紛從硬體和軟體上下功夫，這就使得市場競爭變得異常激烈；

（2）售後市場的消費需求也從原來的供不應求逐漸變成供大於求，終端市場對於所面臨的競爭也日趨激烈，他們要從原有的經營模式中尋求突破，從原有的客戶需求的簡單滿足，到高附加值服務的提供，從而建立自己的企業形象，提高公司品牌的知名度，從而在市場競爭中取勝，比品質、比價格、比交貨準時率、比服務、比形象、比信譽等都將成為經營者的考慮重點。

透過以上分析，我們建議 A 公司應採取以下品牌發展策略：

☆主攻球籠產品，並賦予品牌球籠專家——打造全車系球籠（因為汽車品牌很多，而一個品牌又同時有很多車型，每一款車型又由成千上萬種零件組成的，所以基於對汽車配件產業發展現狀的理解，我們把公司的產品定位在做精做專方面，專心打造全車系球籠專家的概念）。

但是如何才能透過各種工具和手段，讓所有的經銷商和終端使用者，都十分清楚地知道並洞悉 A 公司的產品定位呢？我們首先想到的是打廣告，但這有用嗎？可以試想一下：如果我們透過各種媒體手段進行

廣告宣傳，廣告的效益會產生在哪裡？汽車零件這個行業非常專業，能夠看到這個產品的人只有兩個，一個是修理工師傅，還有就是出車禍躺在車身下的人，但他們基本也看不到了。針對以上分析，為了讓有需求的使用者在他們需要的時候不用到紛繁複雜的大眾化汽車零件商店去搜尋；也不用因為尋找某個型號的球籠在市場上漫無目的浪費太多時間；或者當他們花費了很多精力找到需要的球籠產品時，卻因為品質的問題而煩惱不已，我們在進行 A 公司品牌規劃的時候，就煞費苦心考慮到這個問題，賦予產品以「球籠專家」的概念。在汽車零件市場引起業內人士的共鳴，那就是只要有球籠的需求，首先就會想到 A 公司品牌，在汽車配件的球籠領域，人們意識到 A 公司是球籠的代名詞，A 公司是球籠品質的典範，你在路上能夠看到的車的球籠在 A 公司的專賣店裡都能買得到。

當我們定位了 A 公司產品概念之後，便展開系統的市場行銷策略，很快 A 公司的品牌定位便得到了印證。有一對新人為了讓自己的婚禮辦得與眾不同，想用世界汽車的鼻祖福特公司生產的最早一款車來作為迎娶新娘的嫁車，當他們幾經周折終於找到這款車後卻大失所望，因為這款車的球籠壞了，需要有一個新的球籠換上，這款福特汽車才能正常工作。怎麼辦呢？修理廠和零件經銷商都嘗試了各種管道，最終結果卻是無功而返，最後他們想出了最後一招，聯繫了美國福特汽車公司，以求獲得幫助。很快便傳來福特汽車公司訊息，這款車的球籠他們可以提供，但是產品到達的時間大約是兩個月之後，而我們的這對新人卻要在半個月後就舉行婚禮。怎麼辦？要不推遲婚禮，要不就不用這輛車。

就在這樣的情形下，有人告訴他們，現在汽車零件市場上有一家自稱為「全車系球籠專家」的 A 公司，你們可以到那裡去碰碰運氣。A 公司沒有讓他們失望，為他們提供了這款球籠，並把這作為新郎新娘特殊的新婚禮物送給他們。此事在當時引起了不小的轟動：一直被認為雜亂無章的汽車零件行業，原來也可以進行創新的品牌操作模式；

第五章　簡單管理，打造一流品牌

☆明晰中高檔品牌定位，所有產品的製造、價格定位、市場行為必須符合這一定位要求；

☆突出公司優勢──產品品種多、價格優、機制靈活、行動快捷，在產品品質、產品及包裝的外觀形象、交貨準時率等方面下工夫；

☆提升服務品質、增加客戶滿意度──能針對不同客戶進行不同服務，讓客戶真切感受到能夠享受到的大客戶禮遇和我們所提供的產品附加服務價值，穩步在同行業中形成 A 公司的品牌概念，讓所有跟我們接觸和做生意的客戶，都能夠對 A 公司在產品定位、價格定位及 A 公司所倡導價值觀有一個深刻認知，從而能夠好好地進行市場拓展和品牌拉動；

☆發揮品牌視覺衝擊力，努力從公司外在形象、產品、包裝、宣傳數據等方面，吸引市場關注，羅列總結 A 公司的品牌特色並適時讓客戶了解，在汽車特別是汽車零件領域形成具有鮮明特色形象的品牌概念，讓每一個與其合作的客戶都能切實感受到不同之處，在合作的過程中真正得到合作的實惠和全體員工所帶給客戶的無形的增值快樂；

☆打造公司口號──指導製造商在生產製造過程中，把產品每一個製造環節的品質都提高一點點，並把此觀念作為引導生產製造人員每天的行動口號，讓客戶在購買和使用產品的時候，真正地感受到 A 公司產品的不同之處，感受到產品確實每天都在改進，品質每天都在提高，感受到 A 公司人正為了客戶的利益在努力追求著更加完美；

☆形成銷售系統──企業系統 CIS 的完善與實施，整理完善公司的基礎 VI，把企業形象的象徵應用到具體銷售工作中去，廣告設計應力求新穎和內涵，全國性廣告應追求風格和內容的統一；

☆落實汽車零件展會──國內、外具有影響力的大型汽車零件專業展會的選擇與會中會的落實；

☆網路與媒體的選擇與資訊的釋出；

☆積極和較有影響力的大客戶進行探討與合作，廣泛徵求他們的建

議，並配合他們進行有針對性的合作；

☆新產品的開發，快速投向市場，迅速強占先機。

透過對 A 公司品牌概念的準確定位，很快公司便在汽車零件市場打響了知名度，在汽車零件市場只要談到「球籠」就會想到 A 公司，談到 A 公司就會想到「球籠」，最後形成一種概念好像 A 公司就是「球籠」的代名詞了。

當一個企業的品牌概念被認可的時候，消費者需要某一產品時，你的品牌，你的企業，就會迅速地被想到，從而該企業將更多地獲得商業機會。

企業經營的是理念，而不是一個產業或者是一個行業。企業的經營理念是企業健康發展的指路明燈，是企業品牌建立、品牌提升的指標。

我經常會問我們的老闆或經理一個問題，你們公司經營的是什麼？

得到的答案經常是五花八門：

我們公司經營的是服裝；

我們公司經營的是皮鞋；

我們公司經營的是五金製品；

我們公司經營的是家用電器；

我們公司經營的是汽車零件；

我們公司經營的是家具；

我們公司經營的是食品；

我們公司經營的是醫療器械；

我們公司經營的是藥品；

我們公司經營的建材；

第五章　簡單管理，打造一流品牌

我們公司經營的是餐飲；

我們公司經營的是遊樂場；

我們公司經營的是環保用品；

……

不同的答案讓我真為這些老闆和經理們著急，服裝、皮鞋、五金製品、家用電器、汽車零件、家具、食品、醫療器械、藥品、建材、餐飲、遊樂場、環保用品只是我們現在所做的一個產業或者是一個產品。隨著時間的推移這個產業或者是產品將會發生很大的變化，比如水會被蒸發，鐵會生鏽，石頭會風化，世界上沒有任何一個產業或者產品是能夠保持永遠不變的。

索尼公司的第一代產品是礦石收音機，而現在呢？礦石收音機已經徹底從市場淡出了，現在大概只有在博物館才能看到礦石收音機了。而索尼公司卻沒有因礦石收音機的淡出而從市場上銷聲匿跡，反而變得更加強大。到底是什麼支撐著索尼公司經歷了數次的產品更新換代，依然威風不減當年呢？那就是企業的經營理念。索尼老闆非常清楚地知道，礦石收音機總有一天將會被市場淘汰，他們不可能永久經營礦石收音機。所以當索尼公司還在生產礦石收音機的時候就把公司的經營定位為高傳真。不管外界環境發生怎樣的變化，索尼的經營理念高傳真都不會發生變化，以至於隨著時間的推移，無論是礦石收音機，還是錄影機、攝影機、VCD，包括發展到現在的數位產品，索尼公司始終都堅持讓消費者購買到高傳真的產品價值。

正如世界迪士尼樂園一樣，他們經營的是雲霄飛車嗎？是唐老鴨和米老鼠嗎？是遊樂場嗎？不是！他們經營的是快樂！不管是百萬富翁還是窮光蛋，不管是老人還是孩子，也不管是男性還是女性，只要你來到

迪士尼樂園，你都會找到屬於你自己的快樂。正是有了這樣的經營理念的定位，迪士尼樂園在建立之初就挖空心思想出各式各樣的方法來給人們帶來快樂。諸如此類的例子還有很多，如蘭朵爾公司把公司的經營理念定位為健康與美麗，時刻向人們傳遞著一個訊息——公司任何的產品和運作都是圍繞著能夠給消費者帶來健康這一個主題而展開，而健康的身體，健康的心理，又可以使人們由內而外煥發出青春的朝氣和活力，因此變得更加美麗動人透過各種方法來達到塑身美體的目的，給人們塑造一個美麗動人的外表，人變美了，心中就會充滿自信，健康的心理就會帶給人們健康的身體。

　　一個企業經營的只能是理念，不可能是一個產業或者是一個產品。企業的經營理念是企業健康發展的指路明燈，是企業品牌建立、品牌提升的指標。現在有很多企業也都確定了自己企業的經營理念，但是很少有企業去遵照執行的，只把企業的經營理作為寫在牆上的一個裝飾或者是放在檔案櫃裡的一個擺設。不管企業確定了什麼樣的經營理念，只要他能夠起到指引企業發展的作用，那麼只要堅持執行和落實，就一定能讓企業步入規範化發展的道路。

品牌精神的形成是企業發展的最高境界

　　品牌精神的形成象徵著企業精神的形成，上升到精神的高度，其實就是構成了一種信仰，這是企業發展的最高境界。

　　可口可樂公司已經形成了屬於自身特色的品牌精神，在美國消費者心目中已經形成根深蒂固的印象，甚至已經變成了消費者心目中神聖不可侵犯的一種精神支柱。關於精神力量及永續性，佛教、基督教、伊斯蘭教、三大宗教幾千年的光輝及文化的傳承便說明了這一點。2004年我

第五章　簡單管理，打造一流品牌

曾聽說一個真實的故事：一個世代靠捕魚為生的漁民，有一個天突然意識到自己一生當中捕了這麼多的魚，殺了很多的生，按照佛家所說就是犯了很多的罪，為了贖罪和懺悔，他便到一個寺廟裡每日吃齋念佛，以求早日贖清罪孽。誰知到寺廟沒幾天，這個漁夫便出現吐血、排血便的嚴重症狀，許多僧人和善男信女都嚇壞了，要送他到醫院去，誰知這位漁夫卻執意不肯去。他認為這是因為他殺了很多的生所以佛對他採取的懲罰，當他這樣說的時候很多人也都認為是佛祖顯靈。

是這樣嗎？這就是精神的力量，是佛的精神讓他能夠如此的執著。後來我們詢問了醫生，問這是怎麼回事，得到的答案是，當他整天在海上捕魚的時候，魚是他的主要食物來源，而魚肉非常的細膩和柔軟，所以他的胃已經適應了這種軟的食物，當他突然開始吃齋念佛的時候，齋飯都是些素食，都是些粗纖維，這些粗纖維穿過脆弱的胃表面的時候就導致了消化道大出血，而並不是佛對他的什麼懲罰。

—— 一個公司要能夠持續發展，永續經營，就必須要確定符合公司發展現狀的企業精神和品牌精神。

國家需要精神，民族需要精神，企業同樣需要一種獨特的精神來統一、武裝每個員工，每個人都需要精神的力量才能戰勝外部環境的挑戰。沒有精神就等於沒有靈魂，猶如行屍走肉，不要說成就事業，就是基本生存的權利也會被剝奪。

每個人從書本中學到的是知識，日常工作生活中累積的是經驗。（知識＋經驗）× 精神 = 新的生產力（競爭力）。

企業的精神是時代精神在這個企業中的反映，是企業在長期生產、經營活動中謀求自身生存和發展而形成的，為廣大員工所認同，集中反映企業特性，對全體員工起著有效凝聚與激勵作用，是全體員工活力的

集中表現,有利地推動生產力發展和企業效益、員工生活水準的提高。

　　真正意義上的品牌應該是一個體系,是一個完整的「五樂章」,這「五樂章」相輔相成缺一不可,這五個核心的因素就是:產品、概念、理念、文化和精神。如圖所示:

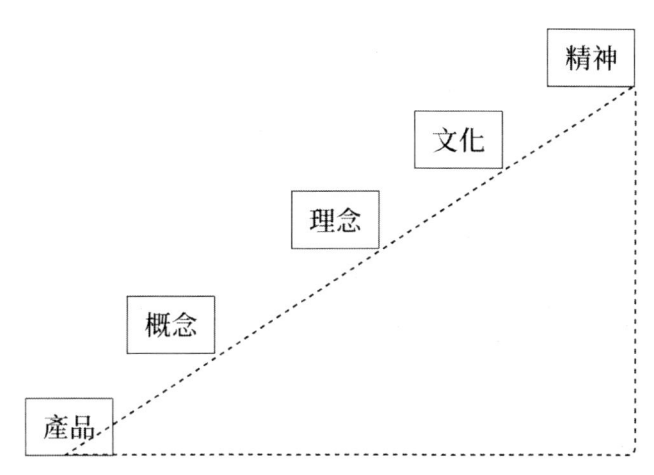

```
                            精神
                      文化
                  理念
              概念
          產品
```

　　從上表我們不難看出,當一個企業單純是在賣產品的時候,他只能獲得最低的加工報酬,有時甚至還沒有貨運司機賺得多。因為一個產品要最終到達消費者手中往往要經過很多環節,這其中光是運費就花去很大一筆。但我們如果從賣產品的層次發展到賣品牌,賣產品的附加價值的時候,那我們就獲得了很大成功。人類因夢想而偉大,企業因文化而繁榮!精神的力量是無窮的,人類正因為有了一個接一個的偉大「夢想」,因此創造出了許多人類的奇蹟。企業因為有了凝聚人心的企業文化,才有了一個又一個百年老店。

第五章　簡單管理，打造一流品牌

如何增強企業核心競爭力

1990年代初，美國著名管理學者普拉哈德和哈默爾提出了企業核心競爭力的概念，即隨著市場競爭的日益白熱化，產品生命週期的縮短以及經濟全球化的加強，企業的成功不再歸功於短暫的或偶然的產品開發或靈機一動的市場策略，而是企業核心競爭力的外在表現。按照他們的解釋，企業的核心競爭力是能使公司為客戶帶來特殊利益的一種獨有技能或技術，它具有不可模仿性。而企業強勢品牌的形成則是企業核心競爭力具備的保證。

我們經常談到企業之間的競爭是產品的競爭，是技術的競爭，是品質的競爭，是創新的競爭，是資金實力的競爭，是人才的競爭，是設備先進與否的競爭，是客戶獲取的競爭，是企業文化的競爭，是社會資源的競爭，是差異化的競爭……其實企業之間真正的競爭是企業核心競爭力的競爭，打造企業的核心競爭力已經越來越成為所有企業關注的話題，我們到底該如何打造企業的核心競爭力呢？

只有致力於企業強勢品牌的打造，才能增強企業的核心競爭力！企業的核心競爭力最大的特點就是不可模仿性與為企業帶來的超額收益。一個企業的產品可以被模仿，但是我們賦予產品的概念具有先入為主的特性而不能夠被模仿，如果模仿只會帶來相反的效果。

E公司推出嬰幼兒平衡奶粉時候，很快便在市場上引起了共鳴，在優生優育的環境下，迎合當前市場的需求。其實這個概念剛開始並不是其提出的，而是一家也具有一定規模的奶製品企業提出的，但是當他們

提出這個概念的時候，並沒有好好地利用傳播手段或者是同時賦予了產品多個概念，讓消費者混淆了企業賦予產品的概念，沒有在一個概念上得到強化。這就使得 E 公司後來居上，消費者提到營養均衡的時候立刻就會想到 E 公司，好像 E 公司就成了營養均衡的代名詞。這時先前的那家公司如夢初醒，當他們再重新對品牌定位平衡概念時，就會被消費者認為是仿冒或者是抄襲了。

企業核心競爭力另一個最大的特點就是他能為企業帶來超額的收益。如果忽視了這一點，企業擁有的核心競爭力就失去了價值。當一個企業剛進入市場的時候，因其所生產的產品填補了市場空白，很容易便會撈到第一桶金。但隨著時間的推移，這種優勢會逐漸喪失，汽車零件行業亦是如此。在 1990 年代初的時候，市場上對汽車零件的需求非常的旺盛，加之製造廠家的稀缺，便形成了供不應求的局面。在市場上，只要產品能做的有點像，就能夠很快被搶購一空，根本就談不上品質和品牌。但隨著經濟的發展，加之該行業進入的門檻又較低，汽車零件企業便如雨後春筍般一時間增加了很多。競爭者增加就勢必導致競爭加劇，在供大於求的市場情勢下，惡性競爭便在所難免，競相降價彷彿成了所有企業的首選武器，代價就是降低產品的製造成本，偷工減料，不顧產品的品質。敢問路在何方？許多企業家在低價競爭的獨木橋上徬徨，我到底還能在這個獨木橋上撐多久？在認真對當前的汽車配件市場進行分析後，A 公司決定率先在國內汽車零件市場走品牌化之路。但在當時的情況下，很多企業對品牌的認知還是一種朦朧狀態，怎麼辦？企業要想有出路，能夠基業長青，永續經營，就必須從產品的品質，技術保證，技術創新，外觀設計，整體形象等方面產品基礎，賦予產品以「全車系球籠」的概念，致力打造「球籠專家」的品牌形象。嚴格按照品牌發展的

第五章　簡單管理，打造一流品牌

「五樂章」來進行品牌的規劃、產品概念的定位、市場行銷整合及內部管理規範，在滿足客戶利益的前提下，獲得企業收益的最大化。事實證明了這一點，A公司很快便贏得了市場，從原來低價競爭的「獨木橋」上走了下來，步入了強勢品牌推動的「陽光大道」。

如果一件事情人人都能做，就不可能從中獲取超額收益。現在很多產業中，所謂的超級競爭只是自殘，並不是競爭的必然結果。我們應該學會用一套新的規則來進行競爭，那就是快速彈性的反應、標竿瞄準以達到最佳業績、大量資源外取以達成效率。

第六章

簡單管理，創新和執行

　　品質意識的淡薄，品質控制能力的欠缺，品質控制環境的不足等等都將導致企業因品質問題而交上鉅額學費。很多企業都是抱著僥倖心理，認為無論什麼事做得差不多就行了，於是在這種慣性思維的前提下，品質逐步下降。這樣的改變是在不知不覺的情況下發生的，終於有一天，因為產品品質問題，而被客戶鉅額索賠，才如夢初醒，但已為時晚矣。

第六章　簡單管理，創新和執行

創新是企業發展不竭的動力

我們經常在談創新，但對如何創新卻十分茫然，目前大部分企業都還停留在粗加工或者單一仿製的生產製造階段，企業產品附加值非常低下。我經常說現在很多企業都只是賺取一些微薄利潤，甚至只是在做一個搬運工人，因為他們只是把材料買進來，經過簡單加工再把產品賣出去。由於市場競爭的原因，他們只能在材料成本的基礎上收一點加工費。有很多企業由於要維持企業正常運轉，甚至在做虧本的生意。針對這樣的市場情況，創新就成了企業不得不考慮的企業發展策略問題，不能夠總是步別人後塵，不進行創新。因為沒有創新，企業就失去了發展的動力和增加企業附加值的機會。

創新的內涵很廣，主要有品牌創新、制度創新、管理創新、技術創新、製造工藝創新等等。本書中我們將重點分析產品品質創新。對於品質的控制，現在有很多已經非常成熟的標準，如ISO9000品質控制體系、TQC、TQM全面品質管制體系、零缺陷品質管制體系，所有的這些方式都是很規範而且是很權威的品質控制手段，但是這些方式很難在企業裡得到貫徹執行和落實，特別那些中小型企業就更是望塵莫及了。中小型企業的品質創新到底應該如何有效展開呢？我們經常在一些學術論文及技術創新的著作中能夠找到一些創新方法，但最後為什麼都只能是停留在書面上不能夠幫助企業找到創新方法和進行創新呢？問題是大部分的企業都還沒有在公司內部形成一種創新意識，創新文化氛圍，現在企業裡通常理解的創新應該就是企業的老闆憑著敏銳眼光及過人膽識

和魄力尋找市場空隙而進行的創新產品。由於生產工藝日益改進及加工設備的日益現代化,很多同行企業生產出來的產品在品質上基本旗鼓相當,不相上下,所不同的只是產品某些細節方面的處理不同而已。

　　簡言之,創新就是比你的同行競爭對手強一點,你就能受到市場的青睞。有一個非常成功的企業家是這樣進行品質創新的,他們判斷品質標準及技術創新的一個簡單的方法就是把生產的同一種產品隨便拿20個擺在桌上仔細觀察(當然這些都是經過標準檢驗被確認為合格的產品),如果你能夠發現有一個產品與其他產品不同的話,那麼企業的產品品質控制就肯定有問題,但如果這20個產品無論你怎樣看都看不出什麼不同的話,那麼公司的品質控制就已經在同行業中處於領先地位了。有可能很多專家學者聽到這樣的說法會持反對意見,甚至會感到不可思議。但事實卻證明了這種做法非常有用,他讓這家公司在同行業中一直都處於領先地位。

第六章　簡單管理，創新和執行

適用制度標準化

　　很多企業都會出現一些品質問題，這些問題或大或小，小的問題大多數企業也都採取不了了之的態度化解了，但當出現一些比較大的問題的時候，直接牽涉到公司利益的情況下，企業老闆是斷然不容許的。這時候首先被罵的就是中高層管理人員，其次就是基層主管和員工。事情過去後，該處罰的處罰，該處理的處理，該開除的開除。可是，我們總是缺乏這樣的習慣和思考問題的方法，為什麼會出現這樣的事情呢？其實這就是沒有在公司建立起標準化的適用制度。

　　我們經常說一個企業員工的素養是多麼不好，員工的道德是多麼糟糕，其實在企業裡永遠都沒有不合格的員工，只有不合格的領導者。員工沒有做好，是主管沒有教他們或者告訴他們怎麼做，這在相當程度上導致了過錯發生率的增加。由於市場經濟的原因，各行各業都發展很快。在所有行業都快速增加的情況下，本來就良莠不齊的管理人才結構就更顯得捉襟見肘了，從某種意義上講，有些企業完全是在跟著感覺走，公司的各級管理人員知識的缺乏及管理經驗的欠缺，使得公司裡根本就沒有非常適合企業情況的適用制度，更談不上標準化了。

　　傑克·威爾許總結過一句話：只有身處一線的人員才最了解工作的實際情況。透過對現場的總結，再結合行業標準制定一套簡單易行的適用制度並將其標準化應該是一個企業良好執行的第一步。

統計制度持續化

　　統計手法在六標準差管理體系中得到很好的應用和實現，但根據目前大多數民營企業的實際情況，我們為了所有參與品質改善和控制的人員便於理解和接受，可以採用品質管制看板來實現。根據前面標準化品質控制程式，在各主要程序執行透過品質管制看板每日把產品品質問題以最直觀的方式在看板上表現出來。在具體執行時可以採用一些比較輕鬆的方式來實現產品品質的持續改善和提高，按照我們所說的，如果我是消費者，我會怎麼樣？是客戶要我們這樣做的嗎？管理就是這麼簡單。我們不能讓公司員工在進行實際工作時總是抱著局外人的態度，一旦人養成習慣後就不容易能夠改變。

第六章　簡單管理，創新和執行

提高企業環境和員工滿意率

　　企業管理和品質的提高，需要建立員工滿意的企業環境、建立良好的環境品質，而較容易能實現這個結果的最好方法就是在公司內部全面匯入現場管理，並結合自己企業的實際貫徹執行。

　　很多企業都希望顧客能夠對品質要求寬鬆一點，不要太苛刻，這樣就可以讓我們減少一些壓力和麻煩。表面上看來這樣無可厚非，但對企業的長遠利益是非常不利的。因為這樣我們就會失去前進的動力和創新的熱情，就會讓企業停留在原來的水準上。一旦當市場發生變化或者失去客戶的時候，再想臨時抱佛腳改善產品品質就會非常困難。

　　所以我們不但要有好的供應商還要爭取對品質要求嚴格的顧客，他們可以不斷鞭策我們進行產品品質的提高和改善，而不會消極對待公司產品品質所存在的問題。然後我們可以用同樣的方法來要求我們的供應商，從根本上消除公司各環節影響產品品質的因素。

用簡單方式執行標準

提到「規矩、方圓」就會和行事的標準連結在一起。《墨子‧天志》曾經提到過「輪匠執其規矩，以廢天下之方圓。」其意在於說明儀法的原則，就像工匠、輪人手中的工具——規和矩，是不可缺少的。如果手中沒有規和矩，就難以成方圓。將這句話進一步展開，可以這樣認為：畫方圓必須有規和矩。同樣，做一件事必須提前設定標準，然後依據標準行動，這樣才能實現預期的結果。

事實上，標準的重要性對目前的企業管理與長遠發展是不可估量的。很簡單，現在很多企業通過的一些認證，諸如 ISO9000、HACCP 等都是一個對企業標準運作的認證。同一類產品，如果說能夠通過相關的國際標準認證，市場的接受度就要高。這裡，並不是單純憑一個證書就能讓市場接受的。現實中通過認證的產品和企業在產品生產、企業管理等方面的確比較嚴格和標準。可以說，通過標準認證的企業，在企業管理上遵循標準的設定，企業內部的管理水準、員工的素養、工作的效果都得到明顯的提升。

此外，標準對企業的運作過程呈現出來的是一種指導和監督，對企業內部的員工來說更是如此。眾所周知，員工的行事風格和方法基本上是不一致的，片面地追求一致必然導致員工的「機械化」。然而，正如企業生產的產品都有統一的標準一樣，員工的工作唯有統一的標準才能生產出具有統一標準的產品。沒有標準，員工將無所適從，工作中就表現不出效率和效果，結果自然也就無從保證了。因此，如果我們把員工的

第六章　簡單管理，創新和執行

工作過程看成是一種執行的話，標準是執行的參照物，是展現執行力的保證，是執行產生結果的必然。顯然，在我們廣泛探討企業和員工執行力的今天，我們更有必要「追本溯源」重新定義我們早已認知的標準。

泰勒的科學管理可以看作是標準應用於企業管理的開始。在泰勒之前，雖然機械化生產已經帶動生產力的提高，但機器的使用率並不高。因為是人為操作，而且企業式的管理基本上還出於萌芽階段。在這一時期，人們工作的時候除了憑藉自己以往的經驗和知識，更多地還是透過口述的方式讓別人配合機器完成工作。可見，在一種相對模糊的管理意識形態下，機械化的生產缺乏科學的操作標準以及管理標準。

泰勒的科學管理在前面已經有所闡述，在這裡從標準的角度看，泰勒從提高工作效率入手，透過一系列的實驗總結出工作的標準，提出科學管理的概念。具體來說，泰勒在科學管理中關於標準的重要性源自於他對有效完成一件任務的合理時間的測試。為了找出合理的完成時間，他把每一項工作進行最終的細化，直到工作不能再進行合乎邏輯的細化。接著他用時間測量工具逐一測量每一個細化的工作完成需要的時間，最後彙總分析，找出最合理的時間。可見，時間在這裡就是一種完成工作的標準，它遵循一切活動都可以透過測量來界定標準的科學管理。

與泰勒同一時期的管理學者吉爾布雷思夫婦也是標準的倡導者，他們發展了動作研究法，也就是目前一些生產製造業廣泛採用的標準工作方法——工業工程。早期，吉爾布雷思夫婦從事建築行業的工作。期間他們發現，建築工作的過程中有許多動作的浪費，因此，透過一系列的測試，比如重新放置設備、改變裝置的操作高度、人與設備的工作距離以及對工作環境的調整等等，他們找出該以什麼樣的標準工作才能做到節約勞動時間、更有效率，也不用浪費過多的資源。

用簡單方式執行標準

不僅僅是生產的過程需要藉助一定的標準，現代企業管理的各項工作同樣要有標準的界定與執行。大多成功的企業在管理的各方面都有嚴格的標準作為執行的參考和考核的依據。這裡，我們可以舉一個最常見卻又最容易被忽視的例子。對於麥當勞或是肯德基這樣的企業在世界各地的成功得益於其內部管理的精湛，也就是一個標準的「複製」模式。憑藉著標準，你在全球任何一家店裡的感受都如同你家附近最常去的一家。此外，當我們進入店裡選購任一種速食的時候，你絕不會聽到諸如「對不起，您點的品項今天已經賣完了」這樣一句話。他們可以做到營業期間隨時提供、期間不會出現產品「缺貨」的情況。事實上，他們做到這一點最根本的原因在於標準的設定，提前設定標準的配送與製造體系，原料提供的週期以及產品製造的時間都有明確的標準，因而，你不必擔心在人多的時候是不是買不到你想要的速食。

可見，標準對工作效率的提升和結果的保證具有非常重要的意義。此外，說到標準由來已久也可以透過對品質的認知得以展現。

在一定程度上，對品質的界定相對模糊。比如通常我們提到的高品質的概念，不同的人、不同工作背景的人認知可能就不一樣。

一般來說，人們對高品質的認知就是「好」，「好」也就成了高品質的代名詞。其實不然，「好」是一個非常模糊的概念，正所謂「公說公有理，婆說婆有理」，不同的人對高品質的概念截然不同，比如生產者認為符合工藝要求就是高品質；檢驗者認為符合數據要求就是高品質；銷售者認為滿足消費要求就是高品質；而消費者認為產品能正常使用，甚至超值才是高品質。雖然理解不同，但他們都會有一個參照的標準來對待高品質，而這也就是高品質的一個更深層的概念，即，高品質就是要符合標準。

第六章　簡單管理，創新和執行

不論是早期泰勒的科學管理還是現在企業進行的各方面管理都可以看成是對品質的追求，而展現出的具體形式就是標準。真正建立標準的意識儘管從機械化生產就開始了，但對於今天的企業，其營運的各個方面依然需要標準來衡量。符合標準的要求，企業的營運才會有最終的結果。

標準的重要性不言而喻。與追求個性化、多元化發展不相違背，標準依然起到規範的作用。就像我們提到的本章的主題一樣「沒有規矩，不成方圓」，規矩就是一個標準的代名詞。沒有規和矩就畫不了圓。當然，有的人也可能認為，沒有規和矩照樣能畫圓。不同的認知會產生不同的結果，隨之而來的就是對標準的多重認知，其中不乏對標準的困惑。

經驗就是標準

人力資源的工作之一就是對新員工的應徵。為了適應企業的發展需求，結合各部門對員工的具體要求情況，人力資源部門會對此進行審查與應徵。一般來說，應徵前人力資源部門都會對應徵的員工進行預先假想，如性別、年齡、經歷、專業、能力等方面。根據既定的計畫，利用媒體或現場等資源平臺與人才雙向選擇。在此過程中，雖然事先設定的各方面都要綜合考慮，但更多的時候，人力資源將考察的重點放在經驗上。事實證明，不管是對應徵的企業來說，還是對應徵人，經驗都會作為重點考慮的要素。特別是在目前人才供大於求的市場環境中，更多的應徵企業把選擇員工的重點放在了經驗上。

經驗的重要性無可厚非，有一句話叫「薑是老的辣」，說得就是一個

人的經驗對思考以及行動的幫助。特別是針對技術性的工作，經驗無疑是最寶貴的財富。但有時，我們也可以發現，過多地依賴經驗反而會起到相反的作用。有經驗並不意味著工作能夠順利完成，在某種程度上，經驗甚至起到的是制約和錯誤導向的作用。

經驗不完全代表標準，甚至與標準形成對立。記得曾經服務過一家生產肉製品的客戶。客戶在當地的同行業中是較早通過國際品質體系認證的企業，應該說產品的品質是沒有問題的。但恰恰是這樣一家企業，收到的產品品質投訴卻比其他對手要多。經過與客戶的溝通和對問題的分析，得以發現，影響產品品質固然有一定的內在因素和外在因素，但員工的經驗行事是更重要的原因。雖然說產品已經通過認證，有一套標準的操作流程和控制方法，但事實上這個標準卻被放在櫃子裡，員工所有的工作基本上都是按照經驗，也就是認證前的生產經驗生產產品。特別是一些老員工，對產品的量化指標不以為然，單純地透過自己的經驗採取控制的手段。顯然，按照傳統的思維方式和經驗，背離現代生產標準，生產的產品很難做到統一，品質問題也就「見怪不怪」了。

結合提到的客戶案例，不難發現，單純的經驗操作存在很大的失誤。為了保證結果，改善是必要的。當然，涉及到徹底的變革對任何一個企業、任何員工來說都是較為困難的。強制性的變革不一定能帶來事先的預期，因此，在適當發揮經驗的前提下，結合必要的管理形式和方法，將經驗轉化為標準才是解決問題之道。經驗如果能夠轉化為標準，一方面是對經驗的肯定和總結，避免「重複過去」；另一方面用標準的思想引導經驗，工作的主動性和科學性得以結合，工作的效果自然就表現出來了。

第六章　簡單管理，創新和執行

標準是個人的事

員工作為企業的一部分，任何的舉動都可能牽動到企業的「神經」。對企業的發展來說，企業希望透過每一個員工的努力形成合力推動企業快速地成長。在企業這個系統內，任何部份的最佳並不意味著系統達到最佳；只有每一個部分都做到最好，系統才能最好。就像集團制企業倡導的「聯合艦隊」式組合一樣，每一艘戰艦都能夠參與戰鬥，「聯合艦隊」的威力才能得以顯現；否則，其中的一艘或幾艘拖後腿，「聯合艦隊」就要拿出額外的精力考慮掉隊的戰艦，整體的作戰效果就不好。

對一個企業來說，它好比是一個「聯合艦隊」，是由每一艘戰艦（員工）組合而成的。因此，對每一個員工來說都要最大限度地發揮個人的主觀能動性，提高自身的綜合素養，這樣「聯合艦隊」才能行駛得既快又穩。將此引伸到標準，可以這樣說：每個員工都按標準工作，對企業來說就會形成一個按標準工作的合力，企業要求的各項工作才能以標準的方式做到位。不過話又說回來，要求員工自身都要按標準工作並不是要「事不關己，高高掛起」，自己能按標準做好本分就行了，對別人、對其他的工作程序標準就不用考慮了。用最簡單的一句話說，那就是「標準是個人的事」。

「標準是個人的事」對標準來說也是一個失誤。正如企業處在一個前所未有的開放市場一樣，具體到企業內部員工的工作也不是完全意義上的獨立，他必然要和上下游、其他員工打交道。儘管自己按標準行事，但沒有遵循其他工作程序和員工的標準，就會造成工作上的被動，不利於整體工作的展開。比如對生產線上的員工，我們要求「下游就是市場」。也就是說，上游工作程序不僅要在提供給下游工作程序標準的產品，同時在傳遞的過程中也能按對方的接收標準提供產品，甚至是服

務。對於不符合下游工作程序標準的行為就是對下游工作程序的不負責任，展現在整個流程中就是片面性的不標準，因而，整體的流程也不會做到標準化。所以，「標準是個人的事」儘管沒錯，但更應將這種認知放到一個開放的系統中去，不僅自己要按本分標準工作，更應結合系統的整體標準要求，為系統提供標準的服務。

標準是刻板的

標準是一種制度，呈現出來就應該是「不折不扣」的。如果說標準還能「討價還價」，那麼任何的工作都不會有結果。一般來說，標準是一種「約定俗成」，也就是事先按照一定的約定、規則、要求制定共同遵守的「綱領」。這就好比是法律。在法律健全的情況下，法律就是一種標準，它不會因人的意志變化，不受情感、道義所約束，必須嚴格執行它既定的規則。對此，法律是「冷漠的」、「無情的」、甚至是「刻板的」。但事實證明，恰恰是法律的這些特點，設定的行事標準極大地約束著人們的行為，呈現公平的利益原則。

企業的發展不會一帆風順，員工在實際的工作中也會遇到很多的「意外」，甚至有許多是不符合工作標準的事。遇到這種情況，員工第一反應就會認為設定的標準不合理，他會按實際情況給標準下定義，這就違背了事先制定的標準。此時，員工通常都會認為「標準是刻板的」，一點變通都沒有。其實，從管理的角度看，「標準是刻板的」有一定的道理。員工會考慮自己的利益，總希望標準能對自己有利；而管理者會站在一個全面性的角度考慮標準，考慮的是通用性和全面性。如果管理者面對每一個員工關於標準的問題時，不能堅持始終，頻繁改變標準，則管理工作不能有效執行。所以，對於「標準是刻板的」這種認知的困惑源

第六章　簡單管理，創新和執行

自對標準的片面理解。既然標準是一種事先的設定那麼就應該堅決地執行，必要的時候可以根據需求進行標準的再設定。因此，「標準是刻板的」是對標準的正確認知，所謂困惑也只能是我們的主觀臆斷。

哪些可以作為標準的替代品

「說一不二」是一種標準的展現，這種展現透過書面的、口頭的，甚至是意會的形式形成標準。在企業管理中，標準通常由書面制度來展現，管理者有管理制度的標準，員工有工藝操作的標準，品質檢查員有檢驗的標準等等。作為標準的代名詞或呈現形式，類似的書面制度都能有效地引導工作的展開。隨著管理意識的加深、市場環境的不斷變化以及新興技術的出現，標準的呈現也出現了多種形式。在這裡，我們稱這些適應目前企業發展現狀的標準呈現形式稱為「標準的替代品」。其中，流程再造以及資訊科技的應用是最好的替代品。

流程再造

眾所周知，ISO9000作為一種通用的品質認證標準已經為市場所接受，它不僅為企業帶來標準的生產與管理體系，也是一個進入市場的「通行證」。標有認證已通過的產品就要比沒有標準上認證通過的產品市場接受度高。可以說，ISO9000認證就是一個標準的替代品。事實上，ISO9000標準的認證的確為企業帶來收益，但對於今天處於市場激烈競爭的企業來說，ISO9000並不能起到更高的標準要求。

一般來說，ISO9000標準更多的是一種方法和模式，它在細節的管理上還有些欠缺，比如除了描述業務程式外，關於責任的標準或是控制的標準等項目還不是很完善。相比而言，目前企業展開的流程再造則是一種較好的標準替代品。

第六章　簡單管理，創新和執行

所謂的流程再造（Business Process Reengineering）簡稱 BPR，就是一種透過流程的最佳化提升企業管理水準的手段。具體包含的內容主要是：業務流程圖、操作手冊、主要控制點、相關表格、部門職責說明、職位職責說明、流程目標、流程範圍、涉及部門等等。它詳細描述流程各環節的標準，比如主要控制點、涉及的部門、政策等等。其中流程的說明以及部門職責都強調了業務流轉和相應的職責在不同部門之間的明確劃分。流程再造對流程的最佳化主要表現在：

◆ 控制產品和服務品質，保證對客戶有價值的業務流程；
◆ 降低成本；
◆ 縮短流程時間，提高工作效率；
◆ 增強企業的抗風險能力。

流程再造總體來說就是對企業業務流程標準的細化與規範，是一種更便於員工操作和企業管理的引導與考核的標準。相比較而言，流程再造是執行力表現的手段，也是對結果的有效保證。比如上一節中我們提到過的這家肉製品生產企業。透過業務流程再造，與之前相比較，工作的效率以及產品的品質都有很大的進改。比如產品生產流程中灌製工作程序的一個主要控制點：流程再造前，第一步工作程序是這樣的：裝好灌腸機的葉片，關上真空室蓋，把料斗推到垂直位置並鎖定。而進行流程再造，我們將第一步工作程序細化：

A. 檢查肉餡；
B. 清理方車外壁；
C. 上提升機；
D. 將肉餡倒入料斗，放下方車；

E. 將方車內殘留的肉餡倒入料斗內；
F. 加蓋紗網。

經過流程再造前後的對比，可以看出，改造後的流程將工作程序細化到每一個環節，並強調對關鍵點的控制，比如要求清理方車外壁，避免附著物掉進罐裡，從而規範了員工的操作行為，對產品的品質也有了一定的保證。

資訊科技

前面我們提到的流程再造作為標準的替代品對一般規模（管理、人才、資金等等）的企業比較適合，在企業的發展進入到一定階段，管理水準和員工素養均有明顯提高的情況下，充分利用資訊科技作為標準的替代品效果更加明顯。

流程再造以書面的形式確定流程的標準，儘管有它的可取之處，但在某些環節上，特別是流程的銜接上還是不完善。畢竟，流程再造涉及到企業中每一個員工，人的意識偏差也會導致流程的不足。

為了解決流程的適應性，盡量避免流程再造過程中的人為因素，資訊科技的充分運用可以最大化地確保流程的執行，而且基本上也能降低或弱化人為因素導致的流程障礙。

其實，從管理的角度看，資訊科技的運用是一種最好的最有效的管理工具。它的最大優勢在於透過資訊平臺，做到全員的資訊共享，人在這裡的一切工作行為都透過資訊平臺的指示，而對外的部門溝通、員工協調等工作也可以透過資訊平臺完成。同時，資訊共享無形中也成了一種責任，員工根本沒有為完不成工作狡辯的機會和理由。

第六章　簡單管理，創新和執行

就目前的企業管理來說，資訊科技作為一種標準的替代品有很多呈現的工具，比如目前應用較為廣泛的 ERP 等藉助軟體的管理提升資訊科技的適用性。

ERP —— 標準化管理的整合

ERP —— Enterprise Resource Planning，企業資源計畫系統，是指建立在資訊科技基礎上，以系統化的管理思想，為企業決策層及員工提供決策執行手段的管理平臺。ERP 系統將資訊科技與管理思想結合在一起，成為資訊時代的企業執行模式，為企業的發展提供了強勁的動力。

為了迅速適應市場新環境，使企業管理模式與國際管理模式接軌，縮短新產品的研發週期，降低產品成本，提高工作效率，提高企業的整體效益和核心競爭力，透過實現業務處理電子化、數據傳輸及時化、資源共享網路化、經營決策科學化，使企業決策層及時準確地了解企業的實際營運狀態，以便對企業的發展做出正確的判斷和決策，能夠更好地適應快速變化的市場需求，提高企業的競爭力。因此，ERP 作為現代管理資訊化結合的有效工具對企業實現全方位的管理創新與變革具有重要的作用。

一般來說，ERP 系統的總體要求是以財務管理為中心，以成本控制為重點，以產品技術數據管理為基礎，對企業生產經營全過程進行全方位控制。整個系統由：財務系統、銷售管理子系統、庫存管理子系統、採購管理子系統、基礎數據子系統、生產管理子系統、工廠管理子系統、成本管理子系統及辦公自動化等部分組成。突出業務的流程控制管理：業務流程的業務批准許可權能夠進行條件設定，對經濟業務能夠按照許可權的大小，進行分級控制。突出預算管理：實行目標預算管理，能夠實現預算目標的制定、預算執行情況的檢查。目標成本管理在預算管理中具有重要地位。系統要求安全可靠，建立安全的防火牆系統，防

止電腦病毒的入侵。建立數據備份功能，確保數據安全可靠。整個系統具有先進性、整合性、適應性、安全性和可擴展性。

企業透過 ERP 最大限度地將營運程式進行標準化的整合，降低繁瑣的人為管理模式，一切以資訊指令為工作重點，真正實現了管理的最大價值。所以，從企業管理的角度看管理，將資訊化技術作為管理的模式和手段可以看成是一種簡單管理，一種最有效的管理，因而也是未來的管理發展趨勢。

對於標準，企業在不同的發展階段、不同的市場背景下有不同的理解方式。雖然說資訊化技術有助於對標準的了解和推動管理效果，但並不是適合每一個企業。因此，結合自身的實際情況，企業建立標準可以從多個方面進行。儘管處於原始的創業階段，我們也希望企業能夠從現在開始建立營運的標準。

事實上，建立企業標準的方式有很多，結合工作的經歷，我考慮應該包含以下 3 種較為可行的方式。

建立標準體系

正如管理制度不能簡單地「就事論事」，特別是當管理出現問題時再有針對性地制定制度一樣，標準不僅需要事先設定，而且一定要將標準形成體系。

標準形成體系，不是針對企業營運過程中的單一環節，而是將各個環節考慮的標準與企業整體的標準相結合，共同構成企業運作的執行標準。標準形成體系對企業各方面的工作都是一個規範，並且能夠將每一個工作程序、每一個部門的工作納入到企業內部運轉的鏈條，彼此絞合，形成合力。標準形成體系就好比是目前人力資源展開的薪酬體系一

第六章　簡單管理，創新和執行

樣。企業在設計內部薪酬的時候通常會參考一定的標準，並最終形成每一個環節的標準。薪酬在設計前參照的標準通常會是縱向與橫向的比較。比如橫向比較就是要結合所在區域的整體薪酬水準，既要考慮到區域性的薪酬現狀，也要考慮到行業內的薪酬區別，以此確定企業內部薪酬的基調；而縱向考慮薪酬的時候通常要結合企業的經營水準和能力，並充分考慮到目前員工的整體素養、職位現狀以及薪酬預期等等。透過縱向與橫向的標準借鑑，結合企業的現狀，以職位需求標準、能力勝任標準以及級別標準等具體的標準將每一個員工的薪酬放在體系內，既展現出標準性，又能充分考慮到具體的員工，保證薪酬能成為幫助人力資源展開工作的有效工具。

薪酬設計需要建立一個標準的體系，同樣，企業在其他方面，比如品質檢查、物流等等，也應該建立符合企業整體發展目標的標準體系。唯有建立標準體系，才能盡可能避免「三分鐘熱度」的工作，真正將工作落實，提高管理工作的效率。

培訓

培訓是企業提高員工思想意識和具體工作能力的一種有效方式。因此，我們可以將培訓作為保證員工認可各項工作標準以及按標準工作的最佳方式之一。

一般來說，我們強調工作的標準應該最大化地考慮到執行標準的員工，但現實是，很多工作的標準都是企業單方面提前設定的，對員工的具體要求就是完全按標準行事。員工在能力達不到標準或是主觀意識有牴觸的時候，標準的執行就打折了。通常在這個時候，很多企業都採用諸如借開會的空檔宣傳標準或是發資料讓員工自己學習標準。其實，這

樣做的效果並不好。一方面，利用開會空檔強調標準，顯得企業本身就不重視標準，員工自然也不會意識到標準的重要性；另一方面，自己透過資料學習不僅耽誤時間而且也不便於理解。因此，企業既然倡導標準的重要性並希望員工都能以標準的要求對待到自己的工作，那麼，企業就應該採用有效的方式讓員工接受標準，而培訓顯然是一種較好的方式之一。

培訓與開會不同。培訓通常是利用一定的學習環境，透過多種形式，比如遊戲、圖片、故事、講解等等，讓員工集中精力短時間內掌握知識和技能的一種學習的方式。利用培訓，企業明確地講解對各項工作標準設定的來龍去脈以及必然性，以便讓員工能夠對此達成共識，接受標準並能落實到具體的工作中取得成效。

測量

透過對企業標準的培訓可以建立員工的標準意識以及對標準的認可。此外，透過測量的方式也可以達到以上的效果。在某種程度上，測量的方式更能讓員工以自己的感受主動地按標準行事。

以測量的方式認可標準就好比是做實驗。在實驗之前，事先設定的標準可能會有很大的歧義，但又找不出能夠讓別人信服的依據。因此，透過做實驗來驗證最後的標準就能讓每個人認可。

說到測量之所以被認為是一種認可標準並按標準行事的有效方式之一來自於服務客戶的經歷。同樣是前面提到過的生產肉製品的客戶。在為其進行流程再造專案的時候，由於員工的經驗行事以及管理不到位，在設定新的流程標準的時候員工大多有牴觸情緒。此時如果透過上級主管的強制性要求，標準也能得以執行，但效果就很難保證，而要求制定

第六章　簡單管理，創新和執行

的方案能見到效果是對顧問服務客戶的基本要求。基於各方面的原因，最後的標準得以有效執行則是透過測量的方式。具體的做法其實很簡單，就是根據產品生產過程各環節關鍵點控制效果的前後比較，具體以數字來驗證流程再造後的標準更具有可行性。比如前面我們已經提到過的在灌製工作程序中有一個環節：醃製好的原料肉透過方車經由提升機倒入罐中進行灌裝。以往進行這個工作程序的時候是直接灌裝，流程再造後則要求灌裝前先要用指定的抹布擦拭方車的外壁，避免外壁上的附著物掉落在罐子裡。儘管是一個簡單的工作程序細化，但最初執行起來並不理想，員工似乎很不習慣增加這個動作。後來，透過幾個產品批號的前後實驗對比，我們發現，按改進後的標準操作，員工的工作效率並未下降，而且從數字上呈現就是「腸內異物」相對下降。經過測量的方式，流程再造後的標準得到了認可並一直堅持執行。可見，強制性的要求員工按標準行事，並不一定能取得最佳的效果，而透過一定的測量方式，員工自己感受到標準的重要性，也就能在主觀上遵循並執行設定的標準。

簡單執行很重要

提起企業的管理必然會想到執行,而且企業的成敗也更多地歸到企業的執行力問題。任何好的思想、好的管理模式都必須要透過執行才能表現出來,執行的確是企業管理的重中之重。

談到執行就不能不提及執行力和「落實」的話題。在簡單管理的槓鈴管理模式中已經明確地把執行作為管理者管理的重點工作之一。這就好比是舉重運動員一樣,透過抓桿才能舉起兩個槓鈴片,企業也必須透過執行才能實現企業的發展目的(舉起槓鈴)。進一步說,執行是一個動態的過程,每一個過程都需要展現出「力度」。否則,沒有「力度」就沒有執行的效果。在這裡,所謂的「力度」也就是執行的能力如何。執行的能力強,任何一件事都能產生良好的效果;反之則會出現「吃力不討好」的工作效果。因此,企業應注重透過提高執行力保證工作效果。此外,工作的過程最終是要保證一個結果,也就是執行「落實」的問題。執行「落實」就是強調工作要做到位,要有結果。否則,那就是空歡喜一場。儘管在過程中執行的能力沒問題,但最終沒有預期的結果,不僅影響對工作的信心,更會影響下一個執行過程的執行能力。

可見,執行的重要性固然是企業持續發展的保證,但執行過程中的能力以及執行結果的「落實」更是企業管理者在企業動態管理過程中的重要工作。而要想實現上述對執行的預期,建立起對執行的充分理解和行動準則就是當務之急的工作。圍繞著對執行的了解,本章重點從執行應具備的要養以及呈現執行力的不同角度來闡述執行的重要意義。

第六章　簡單管理，創新和執行

　　執行，我們說它是一種企業管理過程中涉及到的執行能力。對於成功的企業來說，他們的執行力相對較強，因而在企業管理的各個方面都能有突出的表現。不過，話又說回來，對於很多成功的企業來說，執行力強是一個促進企業成功的因素，但這並不意味著僅僅重視了執行力就意味成功，至少在某些方面如此。比如說一些以服務為特色的服務行業，儘管提出諸如「溫馨服務」、「五星級服務一條龍」等服務承諾，但在細節執行上卻無法做到盡善盡美，提出的口號在某些細節上展現不出來，這也就是執行不到位。事實上，執行力不強是任何一個企業都面臨的問題，執行力不強總會為企業的發展設定各種障礙。由此可見，執行力對企業長久發展以及內部管理的重要性。因此，加強企業的執行能力，是企業在發展過程中必須靜下心來，務實去做的事。

　　提到執行的重要性以及由此產生的執行力強弱可謂「見仁見智」。這裡，我想透過一個團隊遊戲來說明執行的重要性。

　　一般來說，顧問在做培訓的時候通常會採用諸多的方式以增強培訓的效果，遊戲就是最好的方式之一。團隊的「運桶遊戲」則是做培訓的空檔時我經常讓學員參與的遊戲。不同企業性質的客戶、不同素養的客戶展現出的遊戲效果截然不同，也能看出遊戲過程中執行力的不同。

運桶遊戲

遊戲類型：團隊遊戲

　　參加人數：全體學員，10人為一組，8人直接參與遊戲。其中一人為組長，負責指揮；另一人為副組長，負責監督其他小組的行為。

　　道具：眼罩、水桶、吊盤（帶8根繩索）、障礙物。

　　遊戲說明：

（1）每組成員矇住雙眼在組長的指揮下，前往目的地，將目標水桶通過吊盤的掛鉤搬運至指定地點；

（2）在搬運的過程中，需要面臨跨越障礙物、臨時更換組員、更換組長等困難；

（3）最短時間完成遊戲為贏家。

遊戲模式：

（1）每組學員選出一名組長和副組長，到場外接受遊戲總指揮的指令；

（2）組長和副組長在清楚遊戲規則後（此時計時開始），回到各自小組，向組員詳細說明遊戲內容和規則，並為組員矇眼做好參與遊戲的準備；

（3）遊戲開始前各小組的副組長確定監督的小組組員眼罩是否戴好，確認後放行，並隨時監督整個過程。一旦發現有組員舞弊，可暫停遊戲，直到符合標準後才能開始；

（4）矇住雙眼的成員在組長的口令下前往目的地，中途要越過障礙物；

（5）遊戲過程中，總指揮可以根據遊戲模式為每個小組從本組組員中更換組長和副組長，以增加遊戲的難度；

（6）組員將桶子搬運至指定地點後放下，遊戲結束；

（7）遊戲結束後，小組內總結參與感受，並總結遊戲過程的得與失。

遊戲規則：

（1）組員在遊戲的整個過程內都要將雙眼矇住；

（2）每組指揮必須在全程遊戲中以口令指揮組員，身體不能與組員、道具以及障礙物等接觸；

第六章　簡單管理，創新和執行

（3）組員在遊戲的過程中必須做到雙眼被完全矇住，除了可以抓住繩索外，不能與吊盤、水桶、障礙物等有身體接觸。

以上這個遊戲雖然定位為團隊遊戲，總結的過程中更多的是結合團隊方面的認知展開討論的，但在具體指揮和參與這個遊戲的時候，我還是會將遊戲與執行力結合起來考慮。

單從遊戲本身來看應該很簡單，就像一群人打籃球一樣，透過彼此的配合將球投進指定的籃框。而如果是想透過遊戲得出對某些方面的認知還是比較適用的。從執行力的角度看，遊戲本身的諸多環節都能展現出執行對團隊各方面的重要性，比如目標完成、團員配合等等。

事實上，每次做這個遊戲關於執行的感受都是頗深的。具體來說，組長在明確地接受任務後如何管理團隊就展現出一種執行的能力。在最短的時間裡，遵循一定的規則，接受必要的監督，最後帶領大家完成任務是組長作為執行層面執行者的工作。雖然組長都確立具體的工作，但在執行的過程中力度不一樣，因而必然就會有先後。經常會看到，個別團隊在遊戲過程中不是違反規則被扣時間，就是亂成一團糟，不知該聽誰的。更有甚者，當其他團隊已經吊起水桶的時候，有的團隊還在安排遊戲任務等等。可見，具體展現執行的時候，各個團隊執行力有一定的差異，執行力強的團隊必然會成為贏家。由此引申到企業也是如此。執行力強的企業最終會成為市場競爭中的贏家。

透過成功的企業看執行力可以更好地幫助我們建立起對執行的理解。「都是做超市的，為何沃爾瑪能夠成為零售界的航空母艦，而同期的普爾斯馬特則關門大吉；同是做電腦的，為何戴爾會成為成長速度最快、利潤最高的公司，而即使是像 IBM 這樣的公司也要剝離個人電腦業務。」其實，造成這些表現不同的原因，並不是成功企業在策略制定、

企業文化建設、員工素養、管理模式等方面有很強的競爭力，而是各個企業在具體營運中呈現出的執行力不同。執行力強往往會使企業增強核心優勢，走向更大的成功。就像沃爾瑪和戴爾一樣，它們的成功皆與其傑出的執行能力有著直接的關係。

企業發展過程中的各種行為呈現出來的就是執行。在這個過程中，執行絕不僅僅是簡單的完成上級安排的任務，執行更需要「執行力度」和「落地」，也就是只有執行的力度好、力度強，執行的結果才能如預期一樣「落地」，否則執行就會成為三分鐘熱度，來得快，去得也快，吹過之後一切照舊。因此，企業必須要透過有效的執行，最大限度地發揮執行力，才會取得預期的效果，提高企業的競爭力。

執行認知

對於執行的認知，一般來說，我們可以從企業性質以及管理者的管理風格兩個方面建立基本的認知。

一、企業性質

1. 公營事業

一般來說，公營事業的執行力普遍不強基本上可以歸咎到體制與思想方面。體制是一個基礎的因素。說到體制，這裡我們可以理解為企業的所有權問題。道理很簡單，解決公營事業所有權是執行力能否提升的一個基本的保證。此外，體制方面的因素還可以導致管理者與員工想法上的保守。用一個詞概括體制與思想上的問題就是「僵化」。在這種僵化的體制下，試圖發揮內在的執行潛力有相當的難度，短期內提高執行的

第六章　簡單管理，創新和執行

力度是不現實的。

現在很多的公營事業，大多透過改制的方式提高企業的競爭力，應該說是一種企業發展的必然。透過改制，在解決投資主體的前提下，管理者想法上首先會產生一定的變化，「為自己做事」的效果顯然比做「流動衙門」式的工作要好。表現在執行上就是多了一份熱情，少了一份懈怠。同時員工也會因為體制的調整而被推向了市場，工作的執行力有所改善。

2. 民營企業

在民營企業中，客觀地說，執行的力度相對於公營事業來說並沒有特別突出。一般來說，民營企業家在對人才的使用上多少有一些弊端。比如缺乏對人才的信任、重用「自己人」等等，特別是對外來的高級人才往往會「大材小用」或「虛擬使用」，也就是在應徵的時候開出很多「空頭支票」，在實際的工作中很難兌現。很明顯，在這種情況下，執行必然是停在紙面上，不會有效果的。

此外，民營企業因為有效地解決了體制的問題，因而在執行上相對公營事業來說顯得決策快、顧及少。在民營企業，老闆「一手遮天」，其他人沒有發言權。老闆決定後，就立刻執行，不管這種決策是否正確。這種執行的出發點固然是好，說做就做。但在執行的過程中，決策往往會因為缺乏正確的基礎而影響執行。大多數情況下，民營企業的管理者沒有充分論證和猜想實際執行中的問題和變化，事後很容易會出現與原意相悖的情況。同時，因為是自己說了算，任何人沒有發言權，經常會出現武斷的行為，展現在執行上的效果就不盡人意。

3. 外資企業

外資企業在決策層面的執行，是一個反覆推敲、科學論斷的過程，

時間比較長。一旦確定,執行起來也不會動搖,這種自信的背後是非常詳細的調查研究、快速適應的學習型組織以及先進的管理模式。

在正確制定決策的前提下,加上較高素養的組織以及扁平化的體制,執行相對變得簡單而且更有實效。外資企業在執行的過程中避免了公營事業的體制僵化以及民營企業的老闆意識,它給了執行者充足的執行空間,強化了個人的執行能力,因而在某種程度上也保證了整體的執行效果。

二、管理風格

管理風格對執行的影響在民營企業中非常重要,同樣,在其他企業中也是如此。將管理風格與執行連結在一起很容易理解執行的現狀。一般來說,管理者的風格往往會展現在執行力上,而且對執行力的影響很大。管理者的行事風格「雷厲風行」,展現在執行力上強調的就是速度;管理者如果是「謹小甚微」,展現在執行力上就是穩重。因此,雖然執行力受諸多因素影響,但管理者的風格還是能「耳濡目染」地制約或促進執行力。

一般來說,任何一個企業的榮辱興衰在一定程度上取決於管理者的管理,包括管理者的策略能力、管理控制能力、專業知識等綜合素養。其中,管理者個人的風格對企業全體員工的影響是非常明顯的。不論企業的員工經驗、能力、背景如何,當他置身於企業的大環境中,自然會受到「感染」,也就是「近朱者赤,近墨者黑」。員工在和管理者長時間接觸的過程中,管理者的言行舉止、工作的習慣和風格等都會「潛移默化」地反映在員工具體的工作中。當然,這裡也不排除一部分員工主動地使自己更加接近管理者的風格,以便在完成工作的同時獲得管理者的認

第六章　簡單管理，創新和執行

可，為日後更有效地執行工作創造條件。可見，管理者的行事風格對企業各方面的影響，應該是「利弊皆有之」。對企業營運有利的行事風格如果能轉化為大多數員工的行事風格，表現在執行力上就像管理者自己做事一樣效果好；反之，管理者如果不注意自己的行事風格而對企業營運產生負作用，儘管一再地對員工提要求，真正表現在執行的效果上仍然是「鳳毛麟角」。

所以，管理者行事的風格對執行具有一定的影響作用。事實上，有很多因素導致現在企業的執行現狀。企業提升執行力不僅僅要避免這些因素的制約，更為重要的是建立提高執行力的意識，將不利的因素化解為動力並進行合理地變通與調整，促進企業執行力的進一步提升。

什麼是執行

對執行的描述有很多，不同的管理專家、學者，甚至是企業管理者本身都對執行有不同的認知。比如說「執行是企業組織完成任務的能力」、「執行是目標與結果之間不可或缺的一環」、「執行是公司領導層希望達到的目標和組織實現該目標的實際能力之間的差距」、「執行是實現既定目標的具體過程」等等。可以看出，不同的角度看執行，會有不同的解釋。透過進一步的研究與總結，我們可以這樣定義執行：執行不是一個簡單地將工作完成，而是一個透過過程來實現目標的科學系統流程。

從執行的定義可以看出，執行首先應該是一個系統的流程，它需要各方面有效資源的配備，比如人的素養、快速反應的組織體制、簡效的考核體系、有吸引力的企業文化、管理者的魅力等等；其次，執行的流程還應具有一定的科學性，包括企業為保證執行而設計的若干制度、標準等等。具體來說，透過建立並完善執行的流程設計、執行過程的跟蹤、對執行結果的定義等等，最大限度地發掘和提升企業的執行力。

建立科學的執行流程也就是建立一套到位的執行體系，它能夠保證執行力最大限度地「落實」。在執行的過程中，影響執行力的因素有很多，在這裡我們可以將其簡單地分為直接執行影響因素和間接執行影響因素。因此，建立執行體系的內容中就包含著直接執行與間接執行。

第六章　簡單管理，創新和執行

一、間接執行

所謂間接執行就像企業文化建設過程中的精神建設，可以促進企業在物質、制度等方面的建設。它更多的是一種「無形」的力量輔助具體的工作得以執行，也就是看不見的執行。比如像企業策略、企業文化、員工的心態、管理者的執行能力等都能於無形中促進企業的整體執行力。

就策略而言，任何具體的執行都是為了完成既定的策略任務。因而，有效的策略，並且能和具體的執行相結合才是促進企業發展的策略，能夠有效引導企業在各方面的執行。

企業文化也可以促進企業執行力的提升。當企業文化被員工充分認可並達成共識後，作為一種「潛移默化」的習慣，將企業倡導的內容表現在工作上，因而執行力得以充分呈現；反之，一個「病態」的企業文化會阻礙執行，降低執行的效率。

而對於人員的問題，除了人的素養具備執行的能力外，還要解決三個問題。首先，企業的領導者要善於挖掘員工的工作積極性並創造出這樣的環境，比如鼓勵創新的環境；其次，要透過持續地引導、培訓提升人員的綜合素養和專業化素養；最後，還要重視制度的規範與約束，這樣才能使隊伍成為一支戰無不勝的執行鐵軍。可以看出，這三個方面都會在無形中提升企業整體的執行力。

二、直接執行

前面我們提到了間接執行，特別是「槓鈴管理」的前兩部分：決策和人心，其中的內容諸如企業文化的建設、員工的管理藝術、管理者的自我管理能力等都可以看成是間接的執行。而在實際的具體執行中，除了必要的間接執行外，還必須要有可以直接借鑑和參照的相關執行樣本，

這些就是直接執行。

所謂的直接執行包括了執行的標準、制度、流程、控制、改善等等。這些具體到執行過程中的每一步的原則和標準可以保證執行過程中執行能夠「落實」。

直接執行不同於間接執行。與其說間接執行更多的是一種「無形」的執行，透過無形的力量帶動具體工作的執行力，那麼，直接執行就是「可見」的行為。透過可見的流程約束、行為標準強制性地提高企業的執行力。

對於企業的執行來說，不管是直接執行，或是間接執行，二者應融為一體，共同促進企業執行力的提升。

三、執著行動

既然確定了執行的重要性，在建立起對執行的基本理解後，企業管理的重點工作就是堅持不懈地把目標轉化為具體的執行，也就是「執著行動」。在此過程中，企業除了進行必要的執行心理因素調整外，比如加強企業文化的建設，還要建立具體的標準用以規範執行和強化執行。因此，企業建立相對完善的執行體制以及監督控制的準則是執行力能否得以展現的基本保證。

一般來說，強調執著行動可以從完善體制、書面見證和確立責任三個方面入手。

完善體制

「僵化」的體制絕對不能保證流程的執行到位。體制的完善應該是全方位的，不僅僅是局部的完善，畢竟企業的執行能力是透過局部的完善

第六章　簡單管理，創新和執行

以求達到整體的完善。在完善體制方面，可以從以下幾個方面進行：組織架構、人員架構、執行架構、考核架構。

四、組織架構

組織可以是企業執行的平臺，是企業執行的載體，員工的所有執行行為都是依附於組織這個載體，藉助組織平臺來完成的。所以，一個讓員工接受的組織，一個能夠充分發揮效能的組織架構能夠使執行力最大限度地展現出來。企業透過搭建適合的組織內部架構以及外部架構對內形成執行力，對外提升參與市場競爭的能力。

衡量一個企業的組織架構是否有利於發揮執行力，主要看它是否適應組織的內外環境，是否有利於協調各種資源關係，是否充分調動組織成員的積極性、主動性和創造性，是否有利於透過組織工具提高工作績效，從而為企業創造經濟效益和社會效益。組織架構是影響組織執行力的重要因素，沒有一個合理、到位的組織架構作為保障，企業在執行過程中的執行力就會大打折扣，甚至無法執行好。因此，組織取得有效執行力的首要前提就是確定有效的組織架構，並將組織體制貫穿於其中。

五、組織架構與執行

1. 組織架構為策略服務

一般說來，企業策略先於組織存在。當企業策略確定後，為確保策略實現，必須確立策略要點以及保證企業運作的基本保障，組織架構才能應運而生。對於這種認知應該不同於「先有雞還是先有蛋」。比如從管理的角度看職位和人的關係，通常是這樣的：職位確定後，結合職位的具體要求選拔合適的員工勝任職位的工作；相反，如果是先考慮員工就

會出現要不員工與職位不適應，能力與職位要求不相符，要不增加職位滿足人。這兩種情況無疑都是資源的浪費。

組織架構和策略的關係也是如此。組織不論是內部的架構還是呈現在外部市場中的架構都是為策略服務的。因此，企業設定組織架構或是調整組織架構都要圍繞著既定的策略，突出組織架構中策略的核心部門。這裡，我們可以舉一個足球的例子。一支足球隊就是一個組織，而其中總會有幾個核心的球員。為此，針對每場比賽，教練會根據實際情況制定戰術，其中就會設定球場上的一個核心，大家圍繞著以核心球員為主制定的戰術踢球。這裡，核心球員的戰術就相當於策略。儘管有的球員非常出色，但他不適合圍繞核心球員的戰術打法，也就不能上場了。因此，以策略為核心設定組織架構，對不符合策略發展的組織架構作出調整或捨棄，使組織能以健康的狀態確保企業管理在各方面展現執行力。

2. 架構展現整合功能

組織架構的特點就是確定了組織間的層級關係，也就是確定管理與監督的上下級關係。傳統的組織架構一般都是金字塔型，也就是管理逐級下分，管理層次和幅度逐漸增多。同時，考慮到管理的等級性，也就是我們常提及「越級管理」，下級不能越過直接上級反映工作，上級也不能具體指揮非直屬下級。從目前的市場環境看，這種傳統的組織架構越來越不適應資訊的快速變化以及員工的個性化取向。因此，涉及到組織架構的調整通常會將金字塔型的組織架構調整為扁平式的組織架構，以增強管理的快速反應能力。

組織中任何一個組成的要素彼此都不是獨立的，都需要組織內其他資源的協助與引導。因此，組織架構的調整不應僅僅是將組織變為扁平

第六章　簡單管理，創新和執行

化的架構。雖然組織的組成要素直接面對市場，自身的功能得以展現，但作為整體功能卻需要整合來實現。相對於另一種組織架構，也就是矩陣式的組織架構整合了組織組成要素的功能。組織各要素的功能可以橫向和縱向地交叉，既節約了組織資源又可以發揮每個組成要素的功能，提高組織片面性和整體的執行力。

六、人員架構

企業的執行關鍵要靠人，而執行人的架構對執行力會有一定的影響。一般說來，人員架構基本上就是年齡、性別、經驗、能力等方面的組合。在這些組合中，企業可以採用一定的原則和方式將組合的力量發揮出來，形成執行力。

人員架構與執行

一、年齡比例基於同代

年齡比例基於同世代往往會和代溝連結在一起。在一個組織內，特別是組織內的一個部門的員工，年齡最好是在同個世代，這樣的好處就是彼此間不易形成代溝，而且不同的思想較為容易地融合。比如說廣告公司的員工，年齡基本上屬於同世代，在合作方面，特別是廣告的創意，經過共同的腦力激盪，很容易出發出靈感的火花，執行力也就展現出來了。相反，在一些企業，特別是老字號的公營事業，家長作風盛行，企業內沒有有效的溝通，沒有一絲活力，上級和下級的執行力都很差。因此，在部門內進行員工設定時，如有可能應盡量安排同一世代的

人，而不是無目的的安插。當然，年齡基於同世代的設定在實際中一定會有困難，企業也要因人而宜。比如說可以安排年長的員工做一些能發揮優勢的工作如顧問、社會關係溝通等等。

二、上級年長於下級

上級年長於下級不僅僅是強調上級的年齡一定要大於下級，而且應該更看重上級在「資歷」方面的年長。這裡的資歷包含了對上級各方面的能力要求，比如經驗、專長等等。此外，在年齡方面強調上級年長於下級並不意味著與年齡比例基於同世代相違背，在一個部門內員工的年齡相仿，但上級不能和員工的年紀差太多。相反，一定的資歷、一定的年長會促進整個部門的工作。「上級年長於下級」對工作的執行很有必要。

三、避免內部晉級

很多因素都會對工作的效果產生影響，這其中員工對新主管缺乏足夠的了解、對主管的管理不服，特別是管理老資歷的員工等都是不利工作展開的原因。工作的執行需要人，但忽視部門內員工的主管級別安排，同樣會影響到企業的執行力。因此，考慮到組織內人員的心理因素，在員工晉級的時候就要盡量避免團隊的內部人員直接在本團隊提拔，這種做法非常不利於團隊的建設。企業在面對這樣的問題時可以適當考慮透過引進或調配的形式來完成團隊的領導者交接，比如企業可以採用換崗制的管理方式。當一個部門的管理者在本部門工作了一段時間後就可以根據部門業績調往其他部門做管理工作。

第六章　簡單管理，創新和執行

執行架構與執行

企業的執行架構可以分為對內和對外的執行架構。對內執行可以檢驗組織的內部管理現狀、員工的能力；而透過對外執行則可以將對內執行的效果和企業的目標向外界傳遞出去，讓外界感受到企業的執行力。一般來說，不論是對內執行或是對外執行，關鍵要做到執行的內容具體量化，甚至要用數據作為執行效果的依據，同時在執行的過程中可以採用適當的方法保證執行力。

一、量化

執行過程中執行行為的量化對執行力起到明顯的監督與促進作用。所謂目標的量化是將目標執行的每一個環節都透過數字或具體的標準作為完成的依據，做到目標確立，可檢驗、可考核，盡量避免人為的行為。具體到量化一般可以分為定性量化和定量量化。有一些工作當採用定量量化的時候，也就是能以具體的數據檢驗執行的結果，工作起來效果就很好，比如生產製造行業對產品的產量以及量化指標的規定等等；而有些工作不能完全用數據來界定的時候，就比較適用定性量化。比如客戶關係管理中的客戶維護，雖然可以確定週期內的客戶維護數量，但客戶維護的品質更重要。所以，對於這項工作，在進行定量量化的基礎上，進一步採用定性量化，以提高實際的工作效果。

目前很多企業在工作執行中都會提到量化，但往往是詳細範圍了，結果卻無法考核。比如要求生產現場保持乾淨就是一個模糊的概念，在執行中就非常難操作；再比如對產品的檢驗，「下游工作程序是上游工作程序的品質檢查員」，儘管想法非常好，但是具體的檢驗標準以及雙方的檢驗交接工具憑證都沒有，這種執行就不會理想。

什麼是執行

　　目標做到量化，結果就會有保證。在實際中，做到量化就是詳細地描述人的行為並提出標準，這樣的量化基本上可以杜絕人的主觀行為，避免「一股腦做事」。透過量化，任何人都能參照描述的行為和標準做到位，這種執行應該是目前企業中最有實效的。

　　目標與行為的量化，一方面促進企業人的行為標準化；另一方面又可以加強企業的執行力。企業的執行需要人來完成，而目標的量化則是基礎。當企業將目標進行量化到位的時候，執行力就會有明顯的突破。

二、收權

　　所謂收權是指企業在對內執行的過程中對員工工作的約束，這種約束更多的是透過相應的制度、流程以及量化的目標來保證的。對內執行涉及到部門內與部門間的執行，而這種收權主要是強調對部門間執行過程的一種約束。

　　部門間的員工彼此間是獨立的，涉及不到相互的檢查與考核，雖然說現在有的考核採用不同部門間全方位打分的方式，但由於人為因素的不確定性，效果並不好。因此，部門內的員工執行的結果主要是由所在部門來完成考核的，而完成的效果則受許多因素左右，特別是和其他部門的配合問題。因此，在相互執行的過程中給予一定的收權，確定大家的權利與義務，對促進工作的執行，減少人為的心理阻礙具有一定的重要性。

　　工作中因為執行部門的權利外放以及配合部門的不接受，而導致工作的被動比比皆是。權力外放就是執行人將個人的權力及部門的權力凌駕於配合部門之上，同時又無法實際地執行監督工作，就會帶來工作的被動。比如企業管理過程中經常會出現某部門或某人動輒以上級的名義

第六章　簡單管理，創新和執行

發號施令，就像個別公司的行政部門（財務部、人力資源部等等）將權力凌駕於行銷部等部門之上。這種做法其實就是在執行上將權力強加給配合部門，致使今後的執行工作越發地被動。透過明確的收權（主要是透過制度上的確立以及管理者的鄭重表態），讓部門與員工擺正各自的位置，一切的執行均按標準和許可權範圍內的要求去做，在此基礎上合理利用執行的方式來完成各自的目標。

三、放權

如果說收權主要是針對組織內部門間以及員工間工作執行的約束與規範的話，那麼，企業對外的執行則必須透過一定程度的放權來達到。對外執行的放權不能簡單地認為是權力下放，企業只關心結果，對過程不聞不問。一定的放權更多的是將權力的範圍和內容具體地確立，執行人可以在此基礎上更加靈活變通地完成任務，甚至在特定的時候可以完成「先斬後奏」的執行工作。

企業涉及到對外執行，應該更多地考慮放權，有助於對外執行的有效完成。企業和外界接觸，不可控的因素很多，因而風險大且機會不好掌握。此時，一定程度上的變通就是企業展現對外執行力的一種方式。如果任何的對外執行都要依據既定的制度、標準的話，就會增加完成的未知數。當然，這種變通有時間、內容上的範圍限定，也就是在設定的範圍內，在堅持一定的原則下才能做到變通。所以，既然已經將目標確立且設定了執行的內容和標準，就應該進行充分地放權，讓員工從內心意識到，並將這種意識輕鬆地帶到對外執行的工作中去，更好地完成既定的任務。

當然，對外執行的放權絕不能僅僅建立在信任和感情的基礎上，必

須要建立在目標量化、內容確立的基礎上。任何的人為因素都會增加目標完成不了的風險，而這種風險來臨時又往往因為人為的因素影響風險的降低和解決。因此，對外執行的放權是必要的，它可以促進目標的實現，但是沒有量化的目標、沒有明確的執行內容是不能保證對外執行的效果。

考核架構

就目前的企業管理現狀來說，考核是一種比較現實可行的管理員工與企業預期相符的工具。也正因為如此，企業對員工的考核向來都非常詳細，甚至到了苛刻的地步。其實，任何一件事做得太複雜都沒有意義，考核更是如此。很多企業都希望所謂的科學考核使員工能有效地工作，他們往往對員工的每一項工作都建立與之相匹配的考核規定，透過硬性的考核規範員工的行為。這樣的考核結果使員工分不清工作的主次，會將大量精力集中在考核上，變成為考核而工作，這種考核自然就失去考核的效果。

當然，前面我們已經提到考核的現實重要性，並不是要否定考核在企業管理過程中的作用，而是想透過一個科學的架構完善考核的力度和效果。一般來說，對於考核的架構可以從 3 個方面建立：否決項、臨時項、基礎項。而針對這三項的考核又可以建立一個「三動」，也就是透過單動、聯動、互動的方式來配合考核的執行到位。

採用單動、聯動與互動的考核方式，既可以減少考核的難度，又可以減少因考核帶來的摩擦，為工作的執行帶來了很大的便利。但在具體執行中，這種體制下的執行原則以及依據的標準應該盡可能明確並做到公開化，以保證最終執行的效果。

第六章　簡單管理，創新和執行

一、單動與聯動

　　單動與聯動主要是針對個人的執行行為。企業管理部門針對每個員工日常的工作均會設定若干個關鍵的否決項目。對於其中一項否決項，如果沒有按計畫完成就可以對其進行徹底地否決，也就是單動否決；而沒有完成的這一項又直接或間接地導致了其他否決項的未完成，這就需要對有影響的幾項進行聯動地否決，但不是徹底否決。這樣做不僅展現對否決項否決的標準，又展現出考核的人情味，不是一味地對員工的未完成項目進行否決。考核做到這一點，就需要對員工的否決項的具體執行情況進行明確地分析，不能主觀臆斷。

　　單動與聯動的考核方式不僅強化了員工對單項否決項工作的重視，也能透過這種方式從系統的角度規劃自己的工作。一直以來，員工的工作基本上都是提前設定或是口頭指令，員工習慣被動地工作。這種工作方式顯然不能表現出執行力。此外，員工即使對自己的工作有了明確地了解，但在具體執行的時候方法還是有些欠妥。比如艾森哈維原則提出的重要的少數和瑣碎的多數就是對工作重點的掌握原則，但這些原則員工不一定能充分借用。因此，採用單動與聯動的考核方式不僅考核到了員工本分的重點工作，也能讓員工確立幾個重點工作的關聯性，盡可能地將這些工作整合到一起，確保每項工作的完成。

二、互動

　　對於互動，更多的是針對多人的行為。員工在執行工作的過程中，除了需要其他部門人員的配合與協調外，也會不同程度地影響到其他員工的執行行為，其中就會包括否決項。而對此進行考核時就要涉及到互動的考核，也就是雙方都需要進行互動考核。在互動考核中，根據影響

雙方的程度在一定的標準上進行不同程度的互動考核，以此增加考核的透明度和力度。

　　採用互動的考核方式主要的目的不在於為考核而考核，而是想透過這種方式建立起全員的協調與配合意識。與培訓、說教的方式不同，利用考核強制性地制約員工的團隊合作，一方面可以讓員工感受到企業對員工在內部工作中合作的重視；另一方面也可以透過考核帶動一定程度的執行力。當然，一定程度地帶動執行力也只是暫時的做法，而這種做法的最終考慮是希望能以此建立員工思想上的意識從而真正地透過全員的配合促進企業整體執行力的提升。

第六章　簡單管理，創新和執行

書面見證與確立責任

所謂的書面見證，顧名思義，就是在執行的過程中各種涉及到的執行要素均以書面的形式呈現，包括執行的制度標準、監督與考核、執行資源的配備等等。透過書面紀錄確立執行的內容、執行的標準以及執行人的責任和義務。

書面見證的最大管理優勢在於它的「可視性」。一般來說，執行過程中的人為因素對執行能夠起到促進或是制約的作用。為了盡量避免人為因素，採用一定的管理辦法就成為必然。比如前面我們提到過的資訊化工具就是一個降低人為因素，提高實際的執行力的最好方式之一，也是一種書面見證。它透過一個公開的資訊化平臺，將企業各方面的管理置於平臺之內，做到了「可視性」，因而工作的效率得以保證。此外，企業如果還沒有藉助資訊化的力量作為提高管理的工具的時候，必要的書面見證是必不可少的。道理很簡單，透過書面見證，員工對工作的各項要求「心知肚明」，同時確立書面見證也就是確立了責任，一旦達不到標準，考核自然也就成為順理成章的事。

具體到書面見證，我們可以從以下 3 個方面了解：

(1) 書面見證是執行過程的表現

很多企業都通過相關的國際品質體系認證，或是正準備通過。國際品質體系不僅是一個標準的管理流程，更強調對過程的記錄，也就是展現整個執行的過程。進一步說，這樣的認證體系是將人納入體系範圍

內,透過人在體系範圍內的執行,關注過程,特別是相關的過程紀錄。現實中,很多執行的問題都是發生在過程中,但事後卻很少重視過程中的問題。即使重視,因為沒有問題產生的現狀紀錄,也就不能清楚地了解問題的當時所在,解決起來的效果就不理想。當問題越來越多的時候,而且又沒有必要的書面紀錄時,也就越來越不知道該如何解決。對於執行過程中的問題,如果沒有書面的見證,只憑人的主觀因素是無法對問題進行定性的。找不到問題的來源,落實不了具體的責任人,問題也就會不了了之了。這就好比是法律上對糾紛的界定,一切只憑證據,否則一味地相信人的情理,就無法展現出司法的公正,解決不了實際的問題。

(2) 書面見證避免過程危機

書面見證是執行的關鍵,沒有對應的書面見證就無法有效地執行工作。同樣,書面見證在某種程度上也可以作為擺脫危機的依據。比如當某企業的產品被媒體「曝光」,企業除了會採用各種公關手段解決危機之外,同時也會從科學的角度,也就是提供產品生產的各種數據紀錄來驗證產品是完全符合標準的。當然,這種做法不至於解決最終的問題,但它至少可以讓民眾感受到危機中真實的一面,從而為企業採用其他解決危機的辦法打下了基礎。

在目前的資訊化市場環境中,企業已經最大限度地置於市場中,企業的一舉一動都會引起各方面的關注。當然,有利的關注對企業的發展是一個促進,但更多的關注可能來自於競爭對手,他們關注的焦點是如何能在市場競爭中獲勝。在這種關注下,企業會面對很多諸如產品品質、服務等危機。當這些問題產生時,解決的首要辦法就是提供證據,

第六章　簡單管理，創新和執行

同時再配合多種公關的手段，從而順利地解決危機。書面見證是一個很好的證據，它可以充分證實當時的企業現狀，比如產品的品質控制、服務收據等等。有了這些讓人信服的證據，在面對危機的時候企業也能夠自圓其說，得到外界的理解和認可。

(3) 書面見證確保執行

書面見證更多的是針對流程，特別是流程銜接處就更需要有書面見證的支持，否則就容易「搞砸」。一旦執行「搞砸」了，對企業各方面的工作都會造成嚴重的影響，也就是不能確保企業在各方面工作的有效執行。因此，企業在制定管理流程的過程中，應該盡可能地對流程的銜接處以及涉及到的協調的流程提前建立相關的書面見證。在具體的執行過程中，也可以不時地進行補充和完善，以便任何人都能掌握執行的工具，更順利地完成執行的任務。

書面見證確保執行的關鍵之一來自於現實中企業內部應用較多的工具表格，這些都是很好的書面見證。書面見證是一個依據，它不僅可以監督員工的工作執行，更可以在過程中發現問題，解決問題。但在實際的執行中，很多表格都成為一種形式。造成這種現狀的原因最主要的不是表格內容設計的不合理性，而是人為意識，特別是上級的重視意識不夠。上級對表格中呈現的內容不重視，對問題不及時解決，下級自然也不會重視。而如果這些表格中反映出的問題能夠充分引起重視，對其中的不足之處能夠一步一步地解決，經過一個過程後自然會形成借用表格的形式解決過程問題的工作方式，同時也會給員工打上一針關注過程的「強心劑」，建立注重過程的意識。

工作中對具體的工作約定責任無形中給予執行人以壓力，並且將壓

力轉化為動力表現在工作上。因此,在執行的過程中除了要有書面見證之外,還要確立責任。只有責任明確,執行的效果才能有保障。很多人在工作的過程中都會遇到踢皮球的情況,造成這樣的原因就是責任不明確,無法確定問題的具體所在,執行無法「落實」。

執行不到位,不僅浪費資源,更多的是影響了執行人的執行心態,這種影響是巨大的,甚至是不可彌補的。畢竟人心渙散,對執行的工作失去了信心,反應到執行上很可能就是「敷衍了事」。一般來說,企業的管理者在經營的過程中,對員工的執行結果總是不甚滿意,總感覺不如自己親自執行的效果好。其實,這裡面就有個責任不明確的問題。如果管理者自己去做,他對自己的責任相當明確,執行中遇到障礙也會努力解決,執行自然就不會存在「不落實」的情況。而對於一般員工,即使他自己的責任確立了,並不能完全保證與此相關的部門或員工責任明確,執行就非常困難,經常會出現無法「落實」的情況。因此,責任確立不僅是要展現在員工個人,也要展現在整個執行流程,這樣才能保障執行的效果。

責任確立最關鍵的除了要透過書面見證之外,還要有相關責任的具體描述,包括責任界定、責任描述、責任後果等基本內容。這樣每一個員工、部門都確立了責任,在執行中就會「三思而後行」,努力做到將執行「落地」。

在責任確立的書面見證方面最有效的就是透過工具表格來呈現。透過一張表格將責任人確立、責任界定、責任描述、責任後果等關鍵項目的內容呈現在表格上,可以作為過程考核的依據。關於責任界定方面關鍵要做到界定的到位性,也就是這種界定的原則是「由上而下」地確立,而保證其界定的有效性則是看其達到界定要求的執行能否「由下而上」地

完成,否則這種界定就失去保障執行的意義。具體說來,所謂責任「由上而下」的確立是指在確立工作、確定責任的過程中,執行人對各工作環節承擔的責任是由上級確定的,下級需要無條件地承擔執行不到位的責任,避免責任產生時的模糊管理;而「由下而上」則是表現執行的效果是由下級具體完成的,並回饋給上級。

在責任界定上下一致的前提下,責任描述就可以透過「雙向結合」的原則來進行。一方面將執行與責任聯繫起來;另一方面又可以在無形中增加責任人的執行力度,確保執行的效果;執行工作結束後,責任結果就基本上得以確立。這種結果是以事實為依據,在表格上呈現的,不受人為因素的影響,是可以被各方所接受的。

結合責任制定的「由上而下」以及「由下而上」可以看出:工作界定確立是當事人的重點執行內容;責任描述則是對執行工作不到位可能產生的影響、浪費等方面的詳細說明;責任界定就是確立責任的性質;交付證明是執行工作完成的書面證明,包括完成期限、提供的結果證明等等。比如在市場行銷工作中的客戶關係管理是一項重要而有系統的工作。在責任界定上,其中,週期內固定維護的客戶數量可以被列為重點工作;對此工作的責任描述就是客戶維護品質(服務差、工作不能及時跟進等等);責任界定中的責任性質不僅是員工個人的工作不到位,更重要的是公司的客戶關係;交付證明中應包含客戶名稱、維護時間、維護內容以及工作建議等等。

以下確立責任的表格可以在具體實施中產生一定的效果。

書面見證與確立責任

執行過程責任表

項目	工作界定	責任描述	責任界定	責任人	交付證明	確認人
A	客戶維護	客戶對某項工作不滿意服務	跟進不及時	客戶關係	客戶名稱維護時間及內容工作建議	
B	:	:	:	:	:	:

第六章 簡單管理，創新和執行

簡單執行錚錚有聲

成功的執行離不開對結果的追求，也離不開結果的驗證。從目前很多成功的企業來看，執行力強必然帶來成功的結果，而預期結果的實現又能更大地促進執行。因而，在我們反覆強調執行重要的時候，執行結果的重要性同樣不能忽視。用一句話來形容執行的結果就是「落地，錚錚有聲」。對執行不僅要求有結果，而且這種結果必須是符合預期並能產生實效的結果。

圍繞著對執行結果的追求，本節從追蹤過程以及定義結果方面展開闡述。

追蹤過程

單純從管理的性質來看，管理有幾種方式（前文已做基本的闡述，這裡，圍繞著追蹤過程著重強調過程管理的重要性），並且這幾種方式又是交叉在一起的：

- 第一代──行為管理，透過自己的行為實現管理。
- 第二代──指導管理，透過自己的指導讓別人去實現管理。
- 第三代──結果管理，對於各項工作只要求有符合自己預期的結果，其他的事一概不考慮。
- 第四代──過程管理，在結果確立的前提下，關注過程，力爭用最小的代價得到最大的結果。

以上幾種管理性質的管理，在任何一個組織中，我們都可以見到，特別是前三種性質的管理。可以這麼說，每一種性質的管理都有它發揮的空間，都能起到一定的作用。比如當我們自己獨立工作的時候，第一代管理適用；當僱用一名缺乏經驗的新手時，就需要嚴格的監督和指導，對此，第二代管理就適用；而第三代管理雖然能大幅度地提高執行的結果，但同時也帶來大量的管理難題。為了達到結果，可以任意扭曲體制、竄改數字、虛假宣告甚至是不擇手段等等。結果是達到了，但付出的代價又如何確定呢？第三代管理的焦點是針對結果來判斷和獎勵人，很少考慮過程，因此結果的取得並不完全意味著管理的高效。

第四代管理充分結合了前三代管理的特點，避免了第一代管理中對執行的限制、第二代管理中的微觀問題以及第三代管理中扭曲體制、竄改數字等問題。第四代管理關注結果，更關注的是要獲得可靠的結果必須對過程給予根本的改進。唯有過程的到位，結果才能有真正的保障。

一、關注焦點

執行需要對諸多環節的有效整合才能達到結果。過程管理不僅強調對過程的關注，也強調對過程中重要因素的關注，也就是對過程中的焦點關注。透過焦點帶動執行的效果，確保整體執行的到位。一般來說，工作有主有次，就像前面我們提到的「重要的少數和瑣碎的多數」一樣，多數和少數都是工作的組成部分，在執行的過程中應該善於將執行的焦點放在對結果有關鍵影響的項目上，這裡我們稱之為關鍵項，同時給予其他支持工作的項目，也就是輔助項一定的關注，以便保證關鍵項的執行。在執行的過程中，作為管理者應該盡量不要直接插手執行的工作，而應該給予必要的關注和引導。關注可以起到重視和監督的作用，可以

第六章　簡單管理，創新和執行

給執行人一種無形的壓力；而引導則可以配合關鍵項的執行，最終促成執行工作的完成。

二、關鍵項

任何一項工作的完成雖然是多種要素的充分結合，但都會涉及到幾個關鍵的項目。這些項目中的一個未完成就可以使整個工作半途而廢；也有其中的個別關鍵項未完成，產生連帶的作用，影響其他幾個關鍵項，進而影響到執行工作的進度，對整個工作的結果產生不利的影響。對於關鍵項，通常我們可以考慮計畫關鍵項和非計畫關鍵項。

1. 計畫關鍵項

計畫關鍵項如同企業管理過程中對績效管理採用的 KPI 一樣，提前設定關鍵的業績考核指標，也就是將工作的重點項目、對工作產生「致命」影響的項目內容進行明確地設定，並約定責任以及完成期限等硬性指標，用以最大限度地完成工作。一般來說，對於計畫關鍵項，因為有過既往經驗和準備時間，甚至一些執行的細節都可能提前預料，因而在執行中會相對順手，對結果有較大的保障。所以，計畫關鍵項得以實現的關鍵就是對項目標準的界定，從而確保執行起來「不打折扣」。

2. 非計畫關鍵項

非計畫關鍵項相對於計畫關鍵項來說雖然重要，但並沒有提前設定，而是在一些基礎的方面，比如意識方面形成的關鍵項目。對於非計畫關鍵項，由於沒有計畫中的重點設定，因而執行起來很難有參照或依據的標準，甚至有時會因為非計畫關鍵項的影響而導致整個項目的「功敗垂成」。

對於非計畫關鍵項，有時我們會將它看成是一種意識，也就是在工

作的過程中自然而然地要意識到一些非計畫關鍵項，從而有意識地關注並解決它。比如危機（前面我們已經提到過，在這裡也可列入非計畫的執行工作），我們沒有針對類似非計畫關鍵項的資源（計畫、經驗等等），但如果我們建立起應對危機的意識，將它列為工作中同樣重點關注的項目，一旦危機來臨的時候也不至於產生不良的後果。

三、輔助項

輔助項相對於關鍵項而言雖然不是執行得以實現的重要促進因素，但它可以為保證關鍵項完成而提供必要的支持。儘管在對最終結果的影響上看，輔助項不起特別的作用，但沒有輔助項的完成，關鍵項就不能有效地完成。

對於輔助項，雖然沒有明確的內容說明以及標準，卻是必不可少的。比如工業品的交貨準時能力是保證生產按計畫進行的關鍵要素，而為了做到這一點，前期的準備工作，也就是輔助項的內容像場地的清理、資源的配備等等，最終都會對產品的準時到貨產生影響，而涉及到的考核卻並不包括這些；再比如財務的保證方面，它應該是一項例行的工作。作為負責人雖然更多地關注財務的各項指標，但如果沒有例行的相關財務工作就不會保證財務的關鍵項工作的到位性。因此，輔助項儘管在對最終結果的影響上並沒有給予充分的重視，但在具體執行中，執行人必須從全面性的角度來考慮輔助項，從而取得對關鍵項的執行結果。

關注與指導

不論是對執行工作的關鍵項還是輔助項，作為管理者儘管不會直接參與，但必須要給予必要的關注與指導。作為管理者來說，執行的過程

第六章　簡單管理，創新和執行

中給予當事人隨時隨地的關注與指導，一方面管理者自己能夠盡可能地掌握執行的過程，做到總體控制；另一方面又可引起執行人足夠的重視，讓執行人可以更好地主動完成工作。至於隨時隨地的關注與指導，我們強調管理的及時性以及現場性，也就是關注與指導應該及時關注員工工作過程中的問題並在現場盡可能地指導員工解決問題。

對於關注，可以有很多的方式。前面在討論人心的話題時，有一些方法可以借鑑，比如及時的激勵、雙向的溝通等等，這裡就不再去論述。總之，關注的結果是要讓員工把執行的工作變成自己的工作，而不是「應付」。如果員工有「應付」的現象，那麼管理者還不如自己去執行工作。

指導同樣也重要。因為各方面的因素，比如員工的經驗、許可權、協調等等，會對執行的過程產生影響，因而管理者就非常有必要對於執行的重點給予一定的指導，以配合執行人完成工作。這種指導絕不等同於命令，而是站在執行人的立場上，讓執行人能更充分地利用管理者的資源，也就是借力，完成管理者所期望的執行工作。同時，只要涉及到指導，管理者應該給予明確的說明，任何的含混不清都會產生誤解和分歧，最終影響的是執行人的執行力和執行結果。

控制過程

執行工作的焦點確定後，跟進的工作便是對過程的控制。所謂過程控制是以執行的標準為主，透過過程衡量實際的績效，並將實際績效與標準進行比較，同時採取必要的行動進行糾正或完善標準。

一、過程問題

　　工作中的很多問題都來自於過程，因此過程產生的問題不容忽視。在實際的工作中，對於結果總會有各種不滿意，而且這些不滿意基本上都是重複的，也就是經常犯同樣的錯。其實，這些不滿意的來源就是過程中的問題沒有進行控制。工作結束後，我們都會做一些總結，總結有利的一面以及產生負面影響的一面，但在接下來的工作中又會犯同樣的錯。造成這種現象的根源就在於沒有意識到過程產生問題的重要影響性以及沒有對問題進行分析，逐一解決。

　　如同執行工作需要關注關鍵項一樣，控制過程最重要的就是控制產生問題的關鍵因素。一般來說，產生問題的原因很多，但其中關鍵的幾個原因卻是導致過程問題出現的決定性因素。這就好比是 80／20 原則一樣。在過程中，能夠產生一定影響的因素很可能會有 20%，但是它們卻能帶來 80% 的影響。因此，這 20% 就是當務之急要重點解決的。而對於這 20%，其中同樣會有幾個最關鍵的影響因素。這幾個因素解決了，其他的問題自然就會逐步地解決。

　　找出重要的影響因素，一方面透過過程的追蹤紀錄發現問題；另一方面要在所有的問題中採用一定的方法找出這樣的因素並解決它。過程的追蹤紀錄也是一種書面見證，它會詳實地反映過程的內容，包括對一些問題的紀錄。要想確定最主要的影響因素，我們可以採用一定的管理工具，比如魚骨圖分析法，將造成結果的眾多原因以系統的方式圖表現出來，也就是用圖表來表明結果與原因之間的關係。再形象地說，找出問題的要因就好比是篩沙子。面對一堆沙子（問題），大的顆粒（主要問題）需要挑揀出來。此時，藉助紗網工具，透過一定的手段（振動）將大的顆粒（主要問題）留在紗網上，從而挑出合適的沙子（解決問題）。

第六章　簡單管理，創新和執行

二、控制結果

過多的討論管理的過程和結果孰輕孰重顯然沒有必要。在第四代管理中，關注的焦點是對過程的控制，但這並不否認結果的重要性。對企業來說，它最終是要一個結果，那就是盈利，用一句話概括就是「資本都是逐利的」。盈利是預期的結果，為了保證結果的最大化，必要的過程控制不可或缺。因此，所謂的控制結果，前提是對過程的控制，掌握了過程也就控制了結果。

在具體的執行工作中，透過監督過程，遇到問題具體分析，並及時地予以解決，可以增加對結果的控制能力。相反，如果一味的追求結果，甚至是透過「不擇手段」的方式得到表面的結果，那麼在最後的結果出來時已經不受控了。而此時調整結果，要不為時已晚，要不也只能從表面現象上去控制。比如我們前面提到過的用諸如竄改數字等手段得到結果，就是這種情況。因為沒有對過程進行追蹤並控制，到最後發現結果出了問題，也就只好採用一些非正常的手段來彌補對結果的期望值。

定義結果

過程控制可以保證結果，但對於結果還必須要給出明確的定義，以保證整個執行工作能夠做到善始善終，避免出現「虎頭蛇尾」的現象。做任何一件事，除了對過程有要求、對結果有標準之外，還要對結果進行定義，不能一了了之。否則，在下次執行中類似的問題還會出現，不僅造成資源的浪費，也會在相關人的心理上產生「累」的感覺，不利於後續工作的執行。對結果進行確立的定義，也就是給其他涉及到結果的因素一個說法，確立執行的結果，起到對相關執行工作的借鑑作用。

一、定義

　　定義也就是明確說明執行工作的結果，其中應該包括執行的事、執行人以及執行的結果。沒有定義，執行的行為不論是有結果還是沒有結果，都不會產生任何的影響，不會對以後的工作產生價值。所以，在每一個執行工作結束後，作為管理者應該確立對執行的工作認知，為其畫上一個完美的句號。

1. 定義事

　　執行的工作是否完成，是否有價值，除了符合事先設定的標準之外，管理者對此的定義非常重要。一般來說，管理者對工作的定義或是評價要比單純的符合標準的依據效果好。通常情況下，管理者的一句話在某種程度上比制度更管用，這也是目前企業管理中的一個常見現象。對於這種現象的正確與否，這裡不過多地論述，只是想藉此表明管理者對工作定義的重要性。

　　所謂定義事，在某種程度上看類似我們經常參加的總結或報告會。但它與總結或報告不同的是在於它可以針對每一項執行的工作，可以是個人，也可以是群體。

　　給予執行的工作明確的定義，不管定義是褒還是貶，都可以為後續工作提供借鑑。比如說某員工出色地完成工作，作為管理者首先應該和執行人確定的就是：管理者重視這項工作並給予肯定；其次，針對執行工作的具體內容，管理者可以充分地表達自己對工作前因後果的看法，提出自己的建議和意見；之後，涉及到的結果可以讓執行人明示，結果無論到位與否都可以看成是一個總結和借鑑，以便為後續工作的展開提供依據。在確立定義事的基礎上，具體到執行人以及結果的定義就顯得順理成章。

第六章　簡單管理，創新和執行

2. 定義人

　　人在執行工作中的努力對執行力的展現以及結果的完成都是決定性的因素。對於執行人的定義，必須給予肯定，不管執行的結果如何。即使執行的工作很不到位，也要給予執行人以肯定，肯定執行人在執行過程中的努力。肯定與批判是相對立的，事先肯定可以最大限度地降低執行人的心理障礙，減少一定的牴觸情緒。當涉及到批判時也應該在肯定的基礎上，一起分析原因，找出改善的最佳辦法，這也是定義人的關鍵所在。

　　管理者對執行人以確立定義，一方面讓執行人感受到自己被重視，獲得心理上的認可；另一方面也可以讓執行人確立自己執行的工作，分析工作的得與失，便於在今後的工作中少走彎路，提高效率。充分的定義人是對執行人的一個鞭策與鼓勵，同時也是提高執行工作效率的保障。

3. 定義結果

　　對結果的定義較為簡單，只需看結果是否達到了預期的標準。對於執行的工作，要取得的結果事先都會有個明確的目標和標準，因此這種定義完全是「客觀上」的定義，也就是「就事論事」。這就好比是做是非題，對的打勾，錯的打叉。如果沒有達到目標，就要對過程中的事和人進行分析，看看到底是什麼地方出了問題。

　　管理者對結果的定義應該是建立在定義事和定義人的基礎上，而不是一上來就定義結果。執行的工作在涉及到結果時，作為執行人和管理者都會有個心理預期，好的方面容易接受，不好的方面則試圖迴避。但結果是「板上釘釘」，無法迴避的。因此，前兩項雙方都已經建立了對執行工作的認知，彼此以開放的心態面對結果，這就為今後相關執行工作的展開打下良好的心理與實踐的基礎。

一、改進

工作結束後,必要的總結與分析是少不了的。針對具體問題,透過總結與分析,深刻地剖析問題產生的根源以及解決的辦法,並對此進行進一步地改進,是執行力持續加強、保障後期工作效果的關鍵。

改進的前提首要的是改進的意識。對此有清晰的認知,才能在執行工作的過程中時刻去留意改進的時機以及內容。同時,建立改進的標準和體系,使執行的工作形成一個閉環,做到執行「落地」。這樣持續地改進,才能確保有效執行力的持續。

(1) 改進的意義

所謂改進就是在具體執行工作的過程中,對那些游離於計畫與標準之外的要素進行分析,並透過具體的行動限定它的有利範圍,變成可控的要素。

除了建立必要的改進工作的方法之外,改進也是一個不斷追求完美的過程。「百分百滿意」是理想中的目標,透過改進可以更加接近這個完美目標的實現。因此,在實際的執行中,改進過程要素,使之符合標準,並以此提升標準,達到完美的程度。

管理過程實際上就是一個持續改進的過程,儘管目標遠大,但這種追求改進的思想依然可以在工作中發揮它的引導作用,讓執行的工作產生實效。從現在的企業管理角度看,雖然各種管理思想和模式「層出不窮」,但這也展現了管理是在不斷追求完美與現實的結合,比如目標管理透過對目標的層層分解並落實到具體個人,輔助一定的管理工具卡片,指導員工針對目標執行工作的同時保證目標的實現;再比如品質控制過程中採用的「六標準差」也是這種謀求工作改進的有效管理模式。「六標

第六章　簡單管理，創新和執行

準差」主要是透過持續地改進而使各項業務達到完美程度，也就是接近完美的目標。由此可見，良好的改進可以強化執行的力度、規範執行的標準、提高執行的效果、滿足企業對執行力的要求。

(2) 建立改進環

改進不是針對執行過程中的問題而解決問題，而是透過一種思想和體系，建立改進意識並做到持續改進。而要做到持續改進，建立改進環是一種較好的方式。

所謂建立改進環，實際上是將改進作為執行工作中重要的一環，最終能使執行工作形成閉環，取得圓滿的效果。針對改進環的建立，有兩個方面需要了解：執行工作的「四抓」原則以及持續改進的「工作五步法——PDCIS」。在此基礎上，透過一系列的執行行為，掌握執行的各個環節，做到環環相扣不脫節，以片面性帶動整個系統的執行，以便更好地完成執行的工作。

所謂執行工作的「四抓」原則就是在執行工作中要堅持的原則，對任何一項需要執行的工作都要做到「反覆抓、抓反覆、抓結果、抓落實」。「反覆抓」強調的是對執行工作的重視，讓執行人對工作能從心態上給予足夠的重視；「抓反覆」強調的是避免類似執行不力的現象出現，也就是避免重複犯同樣的錯，浪費資源；「抓結果」則要求對執行工作有個定義，看工作是否按設定的標準完成；「抓落實」強調的是對結果的追蹤，看後續的工作能否繼續保證效果。透過對執行工作的「四抓」，不僅可以讓執行人自己清楚如何能夠做到真正有效地執行，也可以在企業內部建立一個無形的監督機制，監督各項工作的順利執行。

執行工作的「四抓」原則不僅是一種持續改進的原則，也是一種持續改進的意識。而涉及到的「工作五步法——PDCIS」則是一個執行工作

得以持續改進的程式，它透過一個標準的程式，以確保在工作中的各個環節都能夠執行到位。這裡的「工作五步法——PDCIS」指的是對一項工作的執行應按以下程式進行：計劃（plan）——執行（do）——檢驗（check）——改進（ireprove）——標準（standardize）。

◆ 計劃（plan）——確立目標、確定標準、分析細節、預想執行。
◆ 執行（do）——Just do it，現在就去做。
◆ 檢驗（check）——資訊回饋、資訊評估。
◆ 改進（improve）——糾正制定、執行到位。
◆ 標準（standardize）——形成標準、用以借鑑。

具體說來，就某一項工作，執行人首先要對工作進行整體設定，確立具體的目標以及指導工作、完成工作的標準。在大方向確定之後，執行人還要盡可能地考慮執行過程中的「枝微末節」，做到心中有數；當計畫確立後，執行人就要果斷地執行工作，不要「拖拖拉拉」；執行的過程中不要一味地「向前衝」，而是要針對過程問題進行分析與總結，確保過程的順利實現；當階段性工作完成後，必要的改進無疑是對後續工作的促進；執行工作要按計畫完成，針對過程的每一個環節盡可能地從思想和行動上自我評價，形成對此的工作標準。

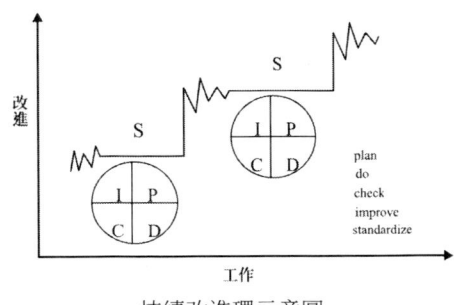

持續改進環示意圖

第六章　簡單管理，創新和執行

(3) 持續改進

堅持持續改進的「四抓」原則以及建立持續改進環都是一種改進的具體方式。此外，企業若想建立持續改進的機制、發揮它的效果還應考慮以下 3 個方面：

①管理者的重視

管理者的重視作用不言而喻，在某種程度上可以是執行能否到位的保障。比如現在有的企業為了便於全員參與管理而設定了「合理化建議箱」。儘管出發點是好的，但由於得不到管理者的重視，大多數企業的「合理化建議箱」都成了擺設，這樣怎能做到管理上的持續改進？管理者不重視對執行的持續改進，改進只能是一句空話，它的作用是不會帶到具體的執行工作中去。同樣，管理者的不重視也會導致具體執行人以及相關人員的不重視，因而會對執行的結果產生不利的影響。

②書面見證

持續的改進也應該盡可能地做到書面化。書面見證對執行的促進作用前面我們已經做了闡述，持續改進也是企業執行力的一種表現。沒有將持續改進做到書面化，也就是前面曾提到過的書面見證，就形成不了標準；而沒有形成標準，執行人在執行的過程中就沒有明確的方向，想當然的意識增強，客觀上對執行產生阻礙作用。同時，沒有形成書面化的標準，執行的過程就不可能作為經驗或樣本為其他執行人所掌握，也就不可能實現持續改進環對標準的預期。

③標準化

持續改進不僅是對具體執行人的要求，也是企業提高執行力的表現，更是對管理者的一個明確的要求。將執行賦予標準化的概念，透過

標準化的方式解決實際的問題,是企業管理工作的重點。建立標準化,包括書面的形式或是藉助資訊化技術的平臺,降低管理難點中的人為因素,確保企業執行力的有效持續和效果最大化。

第六章　簡單管理，創新和執行

第七章

槓鈴模式

不論管理有多少種學派，也不論你用什麼樣的方式去管理，有一點可以肯定的是，管理是為了保證企業的既定目標實現而使用的一種工具。既然管理是實現企業目標的工具，那麼這種工具只要能夠讓所有使用者很快掌握並能夠得心應手地去使用就可以了，也許並不需要我們的管理者去真正弄明白管理的工作原理、設計原則以及管理模式、管理學派等等。

第七章　楢鈴模式

簡單管理就是觀念革新

員工在執行工作的過程中，心態對工作結果的影響至關重要。心態的穩定與健康，表現在執行上力度就不同。對此，管理者的管理重點大多會呈現在管理員工的心態上。掌握員工的心態，管理工作自然就會順利一些。同時，管理者自身同樣也需要一個良好的管理心態。在強制性管理越來越背離現代管理初衷的今天，心態管理才是企業管理致勝的關鍵。任何強權、等級、官本位的管理心態都是極不可取的，這種心態在某種程度上無異於管理的「自掘墳墓」。

管理者如何擁有一個管理的心態非常重要。但是，作為一個成功的管理者到底應該具備什麼樣的心態呢？關於管理的心態，可謂眾說紛紜。比如強調人性化的管理是一種管理的心態，注重標準的管理同樣也是一種管理的心態等等。每一種管理的心態都會有不同的管理結果，企業管理的過程中管理者的心態也不是一成不變的，因而，管理者具備一個基礎的管理心態就顯得非常重要，在此基礎上可以根據管理的實際情況不斷地調節自己的心態。結合以上提及對管理的認知，可以大概了解管理者應該具備的基礎心態。不管企業採用的是什麼管理，我認為管理的前提首先要做到簡單，而不是日趨複雜。

說到簡單，與之相對應的自然就是複雜。現代人對壓力普遍感到「不堪重負」，無論是對經理來說還是普通的員工，大家每天都是忙忙碌碌，真正靜下心來緩解一下複雜的工作與生活很難。對此，很多人都感到無奈，都是「不得已而為之」。這樣，每天的工作與生活都過得非常緊

張,人活著越來越累,生活與社會都變得越來越複雜了。

從時間的角度往前看,比如說在二三十年前,人們處在一種非常簡單的生活狀態下。這個期間,人們大致上每天除了上班就是上班,基本上不用考慮工作以外的事情,社會上也沒有什麼所謂爆炸性的資訊或快速的變化,人們的生活穩定而平靜。和現在的社會相比較,雖然人的個性並沒有得到完全發揮,但那也應該是一種簡單的生活。

當然,時代在發展,社會在進步,我們依然對今天的生活充滿著渴望和珍惜,儘管我們每天都面臨著誘惑與危機,但我們也努力抓住每一次的機會為實現人生的價值盡心盡力。對於工作與生活,呈現出來的可謂是「大千世界,百味人生」。有的人歷盡滄桑,有的人碌碌無為,有的人曇花一現,有的人功虧一簣。那麼,對於今天的我們又該如何追求一種簡單的生活,而又不失時代的特點呢?

其實,現代人無論以何種方式面對生活的壓力和社會的競爭,心態應該放在首位。良好的心態是成功的關鍵要素。具體來說,我想是否可以建立這樣的心態,那就是「享受工作,享受生活」。不把工作看成是一種負擔、一種壓力,而是以享受工作樂趣的心態做好每天的工作,在工作中享受到生活的樂趣,以一種簡單的觀念迎接每一天的工作與生活,盡最大可能從主觀上發揮自己的能動力,做起事來成功的機會就會大增。

對待人生,每個人其實都應該有一個簡簡單單的「享受」觀念。畢竟人生苦短,「享受」每一天的樂趣才是最真實的。當然,這裡的「享受」不同於「貪圖享樂」,而是以一顆平常心看待人生,過好人生的每一天。

人生需要簡簡單單,管理也應該如此。任何一種管理模式的建立與執行的前提都需要參與者能有一個與之相適應的觀念,這也就是本書在

第七章　槓鈴模式

前面透過大量篇幅的描述所強調的關於管理真諦（觀念與工具的平衡）的認知中提及的觀念。管理實施的前提是觀念先行，之後輔以必備的管理工具實現管理的目的。

關於管理的認知是各式各樣的，而且在此基礎上的觀念也不盡相同。不同行業、不同性質的企業，不同背景和經歷的企業管理者對管理的觀念有著一定程度的區別。有的倡導並實際執行「以人為本」的管理，有的則倡導絕對權威的專制式的管理；有的管理追求「精益求精」，有的管理則強調「粗放」。擁有不同管理觀念的管理者在實施管理的過程中就會產生與觀念相符的不同的具體做法。比如管理者認為「以人為本」是管理的根本，他必然會在管理過程中表現出很多「親民」性的制度與做法；管理者強調管理的「精益求精」，他就會制定一系列執行的標準與考核制度，或許也會認可諸如追求品質零缺陷的六標準差管理模式。總之，管理者觀念的不同，管理取向也是不一致的。這裡，我們可以看到，對於觀念的認知同樣是各式各樣的，可以說沒有一個標準的定義來界定觀念。但我們同時也會確定，無論觀念的認知如何，管理最終是為實現目標服務的，只要觀念有助於管理的實現，我們就認為這是一種適合的，或是與時俱進的觀念。因而，圍繞管理的實現我們可以這樣認為：既然觀念是為管理目標的實現服務的，那麼無論管理者是何種的管理觀念都可以用簡單兩個字來概括，用簡單的觀念、簡單的做法實現管理，在管理過程中避免一切複雜的思想與做法，能用最小的資源實現最大的管理目標才是管理價值的表現。所以說，簡單是一種管理的觀念。

眾所周知，管理無定式，也就是說沒有任何一種管理模式能夠「放之四海而皆準」。不同的管理模式都有它適合的空間，都能提供某一個解決問題之道。管理發展到今天，其觸角已經延伸到企業管理的各方面。

每一個企業管理的難題都可以從模式眾多的管理中找到借鑑和依據的方法和準則。應該說，管理的如此成就完全可以為企業管理的高效率和現實可行性提供極大的引導。但另一方面，管理同樣也存在一定的負面作用。企業發展的動力離不開管理，而在選擇管理的過程中如何鑑別適合自己特色的管理就顯得非常重要。其實，企業的管理者要做到這一點儘管有不同選擇的方式，但完全可以用簡單的觀念去做。簡單地選擇一種適合的管理模式，而不是隨意地追求或是盲目地採用；簡單地執行既定的管理模式，做到管理過程的簡單化，而不是將管理過程中的每件事都做得複雜。

管理的簡單化不僅僅是管理的返璞歸真，也是管理的未來發展趨勢。

管理的返璞歸真

管理的返璞歸真就如同本書曾經提到過的「管理回到原地」一樣，管理的發展也是「萬變不離其中的」，「管理也是要透過別人將自己想辦的事情辦妥」。在此基礎上，管理隨著時代和社會的變遷逐步地深入和細化，產生了許多的管理分支。仔細分析今天諸多的科學管理，並同歷史中的管理相結合，不難發現任何一種管理都和基礎的管理相一致，只不過是在形式上或是技術上更加完善與貼切。

如今管理的特色就是資訊化管理，人類藉助資訊工具極大地改善了管理，提高了管理的效率。資訊化管理通常會藉助諸如軟體等技術，儘管看似複雜，但它更是一種簡單化的管理，也是管理返璞歸真的表現。目前企業管理過程中採用的 ERP 管理模式與手段就是一種簡單的管理。

第七章 槓鈴模式

　　為什麼會這麼說？這裡我想透過一個身邊客戶的例子來說明管理的返璞歸真。

　　說企業採用 ERP 管理是一種簡單管理，也是管理返璞歸真的表現來自於實施前後管理的效果對比。曾經有個化工行業的客戶，因公司發展需求，更因管理的需求決定實施 ERP 專案。這裡暫不去分析公司上該專案的具體原因，只是想透過一個專案實施過程中的環節對比來說明 ERP 專案的成功實施對管理的推動作用。

　　公司生產的產品品種較多，涉及到的採購任務也相當繁瑣和繁重。在沒有開始該專案之前，公司對採購部門做了許多具體的規定。比如對某一個採購品要進行貨比三家，要確保來料供應並將來料控制在合理的庫存範圍內。以往的這些工作總經理要不會每單都過問，要不會總體來看看採購情況。一方面，總經理不能在第一時間縱向了解採購情況；另一方面採購過程中橫向涉及到公司內部門間的聯繫以及供應廠家的協調也存在諸多的人為問題。在開始 ERP 專案後，所有的資訊都呈現在網路平臺上，總經理可以隨時掌握採購的情況，而橫向聯繫因為沒有人為因素，一切關係協調都透過網路，極大地提高了工作效率。這樣，總經理自己對採購資訊可以做到隨時掌握，隨時監控，降低採購成本和管理成本，物流管理的效率比以往大大提高了。

　　這是一個專案實施過程中其中一個環節管理上的前後對比。可見，ERP 儘管作為一種先進的資訊化管理工具，看似複雜，因為它要透過網路做到全員的資訊共享。但是，ERP 的實施也解決了一個管理的難題，也就是資訊不共享，人為因素的管理瓶頸。前面已經提到，管理是一個管理者關注和理順的過程。管理者要做到這一點通常會花大量的精力「親身親為」，這顯然不符合對管理的認知。而開始 ERP 專案後，管理者

很明顯就能夠以一種非常簡單的方式面對和處理這些管理中的難題，自身管理的效率也提高了。可見，ERP儘管作為一種資訊化的管理模式和手段，它的實施還是離不開管理的基礎，既是一種簡單化的管理，也是管理返璞歸真、回歸本質的表現。

管理簡單化是管理的未來發展趨勢

未來學家艾文·托佛勒在他的著作《第三波》中曾經對未來社會的發展趨勢作過預測，他認為人類社會的第三次變革來自於資訊變革，也就是我們現在所處的高速發展的資訊化時代。在這一個時代，資訊科技逐漸改變人們的生活方式和社會的發展速度。自然而然的是，管理在這一個時代也越來越多地被烙上資訊的印記，資訊化管理成為現代企業管理的重要模式和手段。因而，管理的未來發展趨勢應該是資訊化的管理，管理藉助資訊化軟體與硬體技術的結合，得到前所未有的發展空間。同時，我們也提到資訊化管理不僅僅是管理的返璞歸真，也是一種簡單化管理，所以，我們可以這樣認定：管理的簡單化應該是未來的管理趨勢。

世間萬物都有因果發展規律的，就像人一樣必然要經過出生、成長、衰老、死亡的過程，管理也是如此。管理在發展的歷史長河中也會經歷一個模糊、雛形、發展、豐富、自然的過程。而這裡所謂自然的過程就應該是管理回到原本的狀態，一切創新的管理都應該從管理的基礎出發。企業管理都有各種困惑，在我們面對的時候百思不解，但我們還是竭盡所能去創新、創造另一種管理來解決問題。經常會出現這樣的情形：在我們拋棄了所有設想的模式和手段後，不經意間，發現管理的歷史中曾經有過相似的一幕，借鑑其中的精華，管理的問題反而迎刃而解。其實，管理的本質是不變的，無論管理如何翻新、創新，本質的精

第七章　槓鈴模式

髓還在。所以，與其我們苦苦探索先進的或是前所未有的管理模式的時候，還不如用簡單的方式解決管理的難題。不管是借鑑、照搬還是創新，只要能實現管理的目標就行。

確立簡單管理是管理的趨勢，有助於管理的執行。就目前來說，大部分企業的管理還停留在一個相對浮躁的階段。任何一種管理模式，特別是國外的「舶來品」，都會引起眾多企業的追捧。說到執行，大家就開始探討執行力的問題；說到追求卓越，企業就會希望自己的基業長青等等。這種現狀導致的結果就是管理很難落實，管理的言行不一致。這些必然會導致整體管理水準的下降，儘管在想法上能夠與世界管理水準「同步」。企業無論是追求卓越也好，還是要做到基業長青也好，首要的任務還是將現行管理做好。用簡單的方式一步步地實現管理目標，實現企業永續發展。

將管理「瘦身」

　　現代企業管理強調組織的扁平化管理，也就是管理者應該盡可能直接面對管理的下屬或是市場。扁平化管理的優勢在於資訊流的縮短和直接化，這樣便於管理者的直接管理，提高管理的效率。記得有一個客戶，公司在剛開始幾年發展的速度非常快。後來，在同行業及競爭對手都在繼續保持高速發展的時候卻停滯不前了。老闆感到困惑，為什麼連續幾年銷售額不見上漲。事後了解得知，近幾年老闆將大量時間放在公司內部，專注於產品的研發和市場的規劃，反而較少關注市場的即時狀況，以致於部分經銷商抱怨公司的產品不對勁或是人員有問題。這個發生在客戶身上的問題可以說是一個典型的組織管理問題。老闆平日裡只關注中層的管理人員，而且幾年不關注市場，基本上還是憑藉自己的判斷和經驗管理企業。雖然下面的部門和人員都很多，但沒有直接看到市場，因而管理的效果並不好。

　　企業發展到一定程度必然會進行擴張，這些擴張可能涉及產品層面、人員層面及組織層面。隨著企業不斷地擴張，必定會導致企業在管理層次和幅度方面的變化，而且這些變化越來越不適應企業的發展。在資訊時代的今天，速度是決定成敗的主要因素之一。大家都在學習和進步，關鍵是要看你能否比別人超前，這樣才能有獲勝的可能。為了能夠迅速應對市場的變化，企業在管理方面開始了「瘦身」運動。比如進行流程再造，使企業每一個環節和員工都能直接面對市場，快速反應；進行「減員增效」，提高企業整體工作效率等。企業在管理方面的所有這些做法無非是想透過一系列的「瘦身」，打造敏捷的組織和管理，從而在市場

第七章　槓鈴模式

競爭中在競爭對手脫穎而出。

企業在管理方面的「瘦身」應該明確。一般來說，針對企業管理，可以從以下幾個方面「瘦身」：組織、人員、制度、培訓、考核及獎勵。

組織：調整合適的管理層次和幅度，進而考慮在某項專業領域上建立虛擬化的組織。

任何一個組織在管理方面必然要涉及到層次和幅度的問題，如何正確解決這些問題是組織能否提高自身運作效率、快速面對市場變化的保證。考慮到企業的管理層次和幅度要具有充分的競爭力，通常來說應該具備三個層次：管理層、執行層、作業層。這裡，組織的管理層可以看成是策略層。這一層面的管理重點是「提綱挈領」，對組織的發展設定目標並進行全面性的規劃；在執行層面，關鍵要做到管理的銜接，也就是將管理層的管理意圖轉化為作業層的實際執行，並保證執行的效果。此外，在設定執行層面的時候不要再過多地設定附屬執行層，也就是盡量減少或不設定執行層的副手。這樣既可以節約資源，又可以提高執行層正手的責任和壓力；對於作業層，很簡單，只需嚴格地按照執行層的標準行事。至於管理幅度，也就是管理者管理的延展能力。根據現代控制論的研究結果表明，管理者通常做到直接監督和指揮七個下屬為宜，最多不超過十二個。

當一個組織的管理層次和幅度確定後，再進一步「瘦身」以增強機動的競爭力的時候可以考慮建立專業領域上的虛擬化組織。所謂專業領域上的虛擬化組織就是當組織為實現目標而需要有相關專業支持的時候，可以考慮與由社會資源提供的專業組織合作。比如公司的財務部門可以由社會的專業機構代理，公司在組織設計的時候只需增設財務管理職能即可。這樣做的好處是公司將一些事務性的工作交由社會資源來做，自

將管理「瘦身」

己則可以集中核心的資源優勢專注於市場競爭。

人員：考慮人員外包，建立 BPO 模式。

組織在「瘦身」的時候可以考慮利用社會資源建立虛擬化的組織，同樣組織成員也可以透過外包的形式實現組織的目標，也就是透過建立 BPO 模式最大限度地發揮專業人員的優勢。

所謂 BPO 是一種國際上通行的業務運轉模式，這一點類似於製造業的 OEM。不同的是，模式的主體是人而非產品。這種模式在軟體業展開得非常迅速。比如西方一些高科技公司在開發軟體的時候通常會和一些相對人工成本較低，但技術又能保持同步的開發中國家，比如印度合作。在合作的過程中，透過人員外包，而不是用自己的人員實現成本、技術、管理上的領先優勢。再比如目前很多公司的組織部門都會設有諸如策劃部、市場部等宣傳部門，其中這些部門還會承擔一些廣告設計的工作。其實，組織中有這樣的職能是必須的，但是否需要相關的人員卻可以考慮「瘦身」。在社會資源中，有很多具備企畫與廣告設計能力的工作室，其中的從業人員相當優秀。組織完全可以透過這樣的工作室以及人員實現企畫、廣告設計等組織職能。這種做法既可以看成是組織建立了外圍的虛擬組織，也可以看成是組織中的人員外包。

制度：建立體系制度而不是「以事立制」，即出了問題再建立相關的規章制度。

企業建立各項規章制度在一定程度上是為了指導規範員工的行為，保證企業管理目標的實現。企業管理過程的每一個環節都需要規章制度來呈現，否則一切憑主觀意志出發，就會出現一種「無政府主義」的管理。

企業是由各部門和員工組成的體系，用以支持企業的持續發展。因

第七章　槓鈴模式

而，為了共同目標的實現，企業應該從體系的角度建立規章制度。比如品質體系管理制度就是站在產品品質和組織的立場上，把管理的各個環節都納入到體系中來，保證產品和工作的每一個細節都能符合體系的要求。顯然，在體系的框架內，各種管理問題都有解決的依據，都有實現的保證。相反，對於其他的管理制度並不能完全做到體系化。一些企業因為背景、素養、能力等原因所限，通常會希望透過全面周到的管理制度進行企業管理。但也有很大部分企業是當某一管理問題出現的時候才去設計規章制度，這樣，問題越來越多，制度也就越來越多。所以，制度的「瘦身」應該是事先建立全面的體系制度，並在過程中逐漸完善，而不是出了問題的時候再去建立規章制度。

培訓：從迎合策略目標的實現和人的發展角度建立培訓體系。

不可否認，培訓已經成為越來越多的公司首選的人才培養方式和提高公司管理水準的途徑之一。就培訓而言，其主要目的是時時刻刻提供公司發展所需要的人才，同時，培訓也可以使公司員工短時間內掌握應具備的知識和技能，從而使自己快速地成長起來。培訓對公司也好，對個人也好，重要性不言而喻。

培訓的關鍵是要有效果，這種效果要求短期內能夠看見成效，同時也能夠使這種效果得以持續。通常來說，培訓是人力資源工作最好的執行方式和解決問題的手段。因此，公司的人力資源部門除了要承擔相關的人事工作，關鍵還要從人力資源開發的角度展開各種培訓。

就目前而言，很多公司都已經或多或少地接觸了培訓，不論是企業的內部培訓還是參加外部的培訓。應該說，企業對培訓的重要性意識已經很深刻了。但同時，對於培訓，一些企業也缺乏一定的體系性。主要表現在：培訓選擇的隨意性，更多的是從人事的角度考慮；培訓主題的

偏失，沒有對接到公司的實際需求等等。其實，培訓絕不僅僅是確定某一主題，邀請講師對大家進行理論與案例的講解。培訓若想產生實效還是要遵循公司既定的策略，並建立長期的培訓體系。圍繞策略的不同階段選擇培訓的主題，將培訓的主體系進行階段性地拆分。這樣既符合公司的策略要求，又可以透過每一個階段的培訓強化策略的執行。

考核：藉助技術的手段實現考核的簡單化，做到人人接受。

對人力資源部門來說，對績效的考核是一項繁瑣而重要的工作。為了透過考核來實現業績的提升、員工行為的改善、執行工作的監督，人力資源部門的員工往往是絞盡腦汁，但實際執行的效果卻並不好。造成這種現象的原因應該是多方面的，有文化方面的，有公司整體管理水準方面的，也有員工本身素養方面的，等等。這裡，我們不對此原因進行詳細地闡述。雖然解決問題的方法也有很多，但從簡單化的角度考慮，依靠技術的手段更為實際。

每個公司對員工出勤的考核都非常重視，每天的工作時間有嚴格的規定，一旦遲到、早退或是缺勤，人力資源部門都會據此給予當事人相關的處罰。為了實現這一個考核，公司會採用諸如簽到、打卡、抽查等方式。方式固然好，但時間一長員工的對策也會隨之而來。有一個公司，對員工的出勤採用打卡的方式來控制。不過有時這種方式也會帶來麻煩，因為經常會出現員工代打卡的情況。為了解決這個問題，人力資源部門不得不隨機派人在打卡機旁監督員工的打卡行為。很顯然，人力資源部門的這種做法一方面由於對員工的不信任而傷了員工的心，另一方面也重複做了無效的工作。其實這樣的問題不難解決。比如目前有的公司出於必須要考核員工出勤的考慮而採用了先進的指紋打卡。雖然相對普通打卡機的成本要高，但後期的管理效果卻非常明顯。這也就是利

第七章　槓鈴模式

用技術的手段實現對考核的管理，使考核能夠讓每一個員工都接受並無條件地遵守。可見，在這裡，人力資源部門借鑑先進的技術手段有效地掌握了員工的出勤情況，使出勤的考核工作變得簡單而又有效果。

激勵：激勵不能因人而異，而是做到創新才有激勵。

一般情況下，對公司員工而言，大家的需求不盡相同。為此，大多數管理者通常會考慮根據每個員工的不同需求而對其進行激勵。這樣就產生了一個問題，公司的規模如果不大，員工數量有限，管理者也許能夠有機會了解到每個員工的需求。而如果公司的規模達到一定程度，管理者分身乏術，要做到對全體員工的了解是不現實的。這時，如果想根據每個員工的需求給予激勵的話，管理者工作的複雜性可想而知。

對員工的鼓勵是調動員工工作積極性的必要手段，但如果要透過發掘不同員工的需求而給予鼓勵的話，必然會造成管理的浪費。其實，儘管員工有各種需求，但最根本的需求應該是共同的，那就是因創新而得到的激勵。管理者鼓勵員工創新，並及時給予鼓勵，讓員工確立創新的重要性。員工得到的激勵是因為工作的創新，不僅對員工創新是一種肯定，也能將激勵的焦點轉移到創新上，而非物質、旅遊、金錢等單純的鼓勵。激勵具體到每個人的需求，這樣做只能增加管理者的工作；而將激勵和創新結合起來則是一種簡單的做法，不僅統一了激勵的原則，也能因為員工對創新的追求而帶來管理的效果。

簡單管理意味著什麼

任何一種管理都有它的價值存在，簡單管理也是如此。企業在管理的過程中採用一種簡單的模式，並在實際的執行中按照簡單的想法去做，總體說來有3個方面的意義。首先，簡單管理意味著企業在管理的過程中可以最大限度地整合資源；其次，簡單管理還可以將執行轉化為實際的生產力，推動管理實現；最後，簡單管理能夠發揮管理固有的價值。對於管理者來說，它可以將管理者盡可能地從日常繁瑣的管理、監督、考核的事物中解放到對公司發展的總體掌控中。

最大限度整合資源

資源整合是目前社會上非常普及的一句話。只要企業和個人在考慮發展時都會想到對身邊的資源進行整合。比如顧問公司就是一個典型的資源整合體。特別是在今天企業越來越需要專業性的顧問服務，而顧問市場又相對模糊的時候，顧問公司就必須對自身進行資源整合，以滿足客戶的專業需求。對企業來說，資源整合同樣重要。我們在前面提到的管理瘦身的幾個方面就是一個企業進行資源整合的結果。比如建立虛擬化組織、人員外包都是企業將外圍資源整合到自己周圍，為自身的發展提供有效的推動力。

社會發展到今天，任何一個人或企業都處於「OPEN」的狀態，與外界的資訊交換日趨頻繁。大家藉助社會這個大舞臺充分地展示自己，舞臺上的每一個要素都構成了彼此可以借用的資源。因此，沒有了資源，

第七章　槓鈴模式

沒有充分地整合資源，談發展是不切實際的。

既然資源整合對企業或是個人的發展意義重大，那麼如何才能進行有效的資源整合呢？事實上，並不是每一個資源都能借用或是整合的，甚至有些資源對自身的發展是一個阻礙。因此，我們在想到對資源進行整合的時候一定要確立需要借用哪些資源、怎樣用最小的代價對資源進行整合，以符合自身發展的需求。整合資源通常會有不同的方式，就像在做產品宣傳時採用的「推和拉」的方式。有時需要採用主動的方式，有針對性地推動資源整合；而有時又需要調動資源的拉動力從而促進產品的品牌提升及銷售。資源整合當然也會存在這樣的方式。再進一步說，當資源異常充沛的時候，資源的選擇、資源的整合對結果會有些影響。任何的盲目、跟隨、強制都是對資源整合效果的制約。因此，儘管面對錯縱複雜的資源，資源整合者應該掌握一個基本的方式，那就是簡單的方式。

所謂用簡單的方式整合資源就是確定各資源的利益出發點。不可否認，任何參與的資源都是要獲得一定的利益的。因此，確定利益點對資源也好、對資源整合者也好都是不可或缺的。一方面，資源整合者要確定整合資源對自身的利益，並考慮能為資源帶來什麼利益；同樣，參與的資源也要雙向確立大家的利益。當利益明確的時候，資源整合的最大效果也就被挖掘出來了。否則，用很複雜的方式，打所謂的心理戰、關係戰、感情戰，甚至避談利益，資源整合的效果一定不會達到彼此的預期。所以，凡事力求簡單，考慮最直接的利益與需求，無疑可以最大限度地整合資源。

將執行轉化為實際的生產力，推動管理實現

眾所周知，生產力是推動社會進步的主要因素。從歷史發展的角度看，當生產力得到進一步地發揮時，就會極大地加快社會發展的速度和提高社會發展的品質。從企業發展的角度看生產力，可以將其理解為企業的執行力。執行力強的時候可以積極推動管理的實現和企業的發展。

企業管理過程的每一個環節都需要強調執行力，只要當企業的每一個片面性執行力都非常強的時候，形成的合力才能實現企業整體的管理目標。否則用一個形象的比喻就是「一顆老鼠屎壞了一鍋粥」。當然，這裡只是一個比喻。其用意在於說明任何一個環節的執行力都會影響公司整體的執行力。

企業管理應該是一個系統的工程，涉及到人、物、流程等各方面。牽涉的要素多，執行起來必然會有障礙。比如說企業管理中常見的「互相推卸責任」就是影響執行力提升的因素之一。對付互踢皮球的情況，無論是管理者還是當事人都感到頭痛。一方面沒有合適的解決辦法，大家牽扯的精力多；另一方面，會影響公司的工作氛圍和團隊的力量。曾經有個故事來說明對此的解決問題之道。說是當年美國人在開發西部的時候遇到了缺水的問題。經常會看到這樣的情形：大家排成很長的隊，一個接一個從水源地一桶桶傳遞水，最後將水倒在指定的大桶內。後來，美國的總統羅斯福以此在他的辦公室門前寫了一句話「buckets stop here」，寓意責任到此為止，不再推來推去。

既然互踢皮球的狀況影響執行力，而管理者又無法用大量的精力解決這個問題，那麼不妨從另一個角度來考慮解決的辦法。比如用簡單的管理，確立執行流程的標準和責任，而不是出現問題再解決問題。就像傳遞水桶那樣，對參與者進行培訓，確立動作、頻率或是其他事項，一

第七章　槓鈴模式

旦出現問題，當事人只能對自己的行為進行反思。而不會拉兩邊的人找藉口。其實，制定標準就減少了執行的繁瑣，有標準可依據，執行就會成為現實的生產力，推動管理的實現。

發揮管理固有的價值

管理本身是為實現目的服務的。如果說透過管理沒有實現目的，那麼管理的價值也就無從展現了。同時，達到目的的途徑很多，而只有用最小的代價實現目的才是我們所追求的管理，這也是管理本身固有的價值表現。如果說在浪費大量管理資源的前提下實現目的，管理反而會成為一種制約，不僅不具有價值，還會成為目的實現的「絆腳石」。

將以上的說法用一句「四兩撥千斤」的話概括非常貼切。實際上，管理就在於能否做到用「四兩」去撥「千斤」。其實，這也是簡單管理的用意。用最簡單的方式，節約最大的資源，實現最終的目的。

簡單管理可以發揮管理固有的價值。對管理者來說，其價值就在於對企業的引領。管理者最應該做的就是為企業、團隊成員指明一個方向，並帶領大家去實現。但是，現在很多企業的管理者還是將主要的精力放在事物性的工作之中，一些規模相對較小的民營企業管理者更是如此。他們不僅管中層經理的工作，還要親力親為地指揮作業層員工的工作；對員工的考勤要管，對公司的物品也要管。總之，管理者希望過問每件事。管理者所有的這些做法與管理者本身的工作並不相符，一味地參與只能增加工作負擔，管理變得越來越累、越來越麻煩。所以，換個角度看管理，那就是簡單管理。透過簡單管理，釋放被繁瑣壓抑的管理，管理者盡可能從日常繁瑣的管理、監督、考核的事物中解放出來，將工作的重點放到對公司發展的總體掌控中。

簡單管理的槓鈴模式

　　前面我們已經深入淺出地闡明瞭管理的真諦，即，管理是觀念與工具的平衡。管理能否有效的前提在於觀念，其次才是透過藉助合適的管理工具實現管理的目的。在確立了管理的認知後，本書又提出了簡單管理的觀念，也就是管理者在進行管理的過程中建立起簡單的觀念，運用簡單的方式、動用最小的資源實現自己的管理預期。

　　對於簡單管理，我們更認為它是一種管理的觀念或是想法。簡單管理沒有明確的界定，有很多種方式都可以看成是簡單的管理。這裡可以舉一個例子來說明簡單管理。「條條大路通羅馬」，寓意通向成功的彼岸有很多條路選擇，哪一條都可能到達。按照簡單管理的思路，為了達到成功的彼岸，選擇最適合自己的一條路是為上策。走直線應該是距離最短的線路，但如果這條路布滿荊棘，需要花費很大的資源才能到達的話，這條路並不是一個最好的選擇。所以，充分地分析自己的資源及可調動的資源，選擇一條捷徑才是成功達到彼岸的最佳方式。這個故事隱含著一個簡單的原則，從目的地倒推考慮，為了實現最終的目的，可以「不擇手段」，盡可能採用最簡單的方式行動。

　　簡單是一種觀念，它沒有固定模式。在確立簡單的觀念之後，下一步就是執行。在這個過程中同樣需要簡單，簡單的方式、簡單的工具、簡單的執行。管理簡單化需要一定的方式或是採用一定的工具。一方面我們對管理有了進一步地理解；另一方面又可以藉助簡單管理

第七章　槓鈴模式

和槓鈴管理來闡述管理觀念和工具的平衡。圍繞著對槓鈴管理的闡述，本書在接下來的內容中會提出一系列簡單的原則、案例、做法。所有這些都會強調一個平衡的問題，也就是管理在執行的過程中如何簡單、如何到位。

成功企業的簡單管理

簡單管理並沒有一個固定模式，簡單管理的關鍵在於管理者能否以最少的資源實現最大的管理目的。由此，我們透過一系列成功的管理來看看什麼是簡單管理。

很多成功的企業其成功的因素有很多，也各不相同。但是，將這些成功的企業放在一起進行綜合的分析，不難發現，他們的企業管理實際都是一種簡單的管理。這裡的簡單並不是單純意義上的簡單，而是圍繞管理目的的實現而採用的簡單管理，以下舉幾個典型的簡單管理的例子。

H 公司的 OEC 管理

說到 H 公司的管理就不能不提到 H 公司始終堅持並頗具成效的 OEC 管理。這裡將 OEC 看成是一種簡單的管理在於它的實作性。管理者透過簡單的目錄清單可以了解員工當天的工作動態，員工也會視其看成是一種工作的壓力和動力。OEC 管理作為一種簡單的管理實現了管理雙方的資訊對接，確立工作內容和責任，工作的效果自然就會達到預期。

所謂 OEC 管理法是這樣的：「O」代表全方位「Overall」，「E」代表每人、每事、每天（Everyone Everything Everyday），「C」代表控制和清理（Control Clear）。用一句話概括就是全方位對每個人每一天所做的每件事進行控制和清理，總結起來叫做「今日事今日畢」。這種管理方法進一步可以用五句話概括：總帳不漏項、事事有人管、人人都管事、管事憑效果、管人憑考核。

第七章　槓鈴模式

OEC 管理法的具體應用呈現在表格上，這種表格就是相對簡單的管理與考核的工具。透過表格，員工需要確認每日的重點工作和一般工作，並對第二天的工作作計畫。管理者透過表格了解員工當天的工作成果，確認第二天的工作計畫。透過這種管理方式可以看出，每一個員工的各項工作都有書面的見證，這樣基本上杜絕了「推卸」或是「狡辯」。工作有沒有完成一目了然。同時，員工自己做的工作計畫，無形中對自己構成了一種壓力，就會強迫自己必須完成。當有的企業管理還在為不能了解每一個員工的工作情況，或是拿不出書面憑證的管理難題苦惱的時候，OEC 管理應該是一種簡單的並且非常有效果的管理工具。

W 公司的直銷管理

W 公司是一家知名的跨國日用消費品公司，其成功首要原因除了產品品質的嚴格把關外，其獨特的直銷模式更成為 W 公司成功的決定因素。

在日用消費品銷售終端日益萎縮的今天，W 公司的直銷管理越來越顯示出它的活力。它採用「店鋪銷售加僱傭業務員」的方式經營。一方面透過店鋪銷售產品；另一方面透過具有專業素養的行銷人員為消費者提供面對面的真誠服務。總結 W 公司的管理特點主要有兩個：對顧客採用直銷顧問式的面對面服務，對銷售人員則採用遠景與現實利益的結合方式。這兩種方式對顧客、對銷售人員都具有極大的誘惑，可以真正地調動積極性，滿足需求。

通常 W 公司的行銷人員在面對顧客的時候絕對不是單純地推銷產品，他們往往用兩種方式打動顧客。其一，向顧客介紹公司及事業，讓顧客感覺能以從事這份事業為榮；其二，以自己的親身感受建議顧客嘗試，並作現場的產品演示，透過實際的現場效果驗證產品和服務。W 公司的這種做法不僅可以實現產品的現場銷售，也可以建立起顧客對其獨

特的好感,為下一步的服務做好鋪陳。

此外,W公司的簡單管理的做法更展現在對銷售人員的管理上。它先強調公司為每一個銷售人員提供具有無限前景的事業,其名為「終生的事業」。透過許多的內部培訓以及「成功人士」的現場演說,大大刺激每個人對財富、對成功的追求。另外,W公司可以讓每一個參與其中的人得到直接的利益。這種利益直接兌現於本人,並且設立不同階段的晉級,給予金錢和出國培訓的獎勵。說得再明確些,那就是只要你參與W公司的事業,自己努力多少,回報就會有多少,而不用顧及各方面的管理或是關係。其實,管理無論怎樣完善和科學,最終還是要透過「為自己做事」的自我管理來實現利益最大化,其他的方式都只能是一種「盡力」的行為。

W公司的直銷管理從最根本的人的需求出發,讓每個參與事業的人不僅得到最大的經濟利益,也能在參與的過程中感覺到自由、輕鬆甚至是自豪。這種簡單的管理無疑會激發每個人內在的動力,也為公司帶來了巨大的成功。

D公司的「直線訂購、按需配置」

1984年成立的D公司,其發展的傳奇經歷有口皆碑。在電腦競爭日趨激勵的今天,D公司卻一枝獨秀,成為成長歷史最短而發展最為強勁的企業。以銷售額、利潤、市場占有率、股票價格的飆升來衡量,D公司幾乎顛覆了許多傳統公司的成長軌跡。在戴爾公司成功的背後,其獨特的「直線訂購,按需配置」的經營理念已成為業界談論和學習的焦點。事實證明,恰恰是D公司的這種經營理念,打破了傳統的銷售模式,採用更直接更簡單的方式面對客戶,既滿足了客戶的個性化需求,又為公司節約了管道資源。

事實上,公司成立伊始,D公司就為公司與使用者之間的關係下了

第七章　槓鈴模式

定義：直接將特別量身訂做的電腦系統送到客戶手中，並提供全面的售後服務。這是一種獨特的「直銷」模式，不經過中間商、不走管道，完全按照客戶的需求配置。這個直接的商業模式繞開了中間商，減少不必要的成本和時間，可以更容易理解客戶的需求。這種便捷的能力使 D 公司能以平均四天一次的庫存更新速度，把最新的相關技術帶給客戶，遠遠快於那些運轉緩慢、採取分銷模式的公司。此外，D 公司還透過這種直銷的模式將客戶定位在團體客戶，而不把零售買主作為銷售的目標。這樣一來，D 公司成功地避免了和本土品牌的正面交鋒。從另外一個市場直接服務客戶。D 公司的直銷模式的重點是針對不同客戶的需求提供專業、全面的服務。這就好比是當年福特所說的「你想要什麼顏色的車就可以有什麼顏色的車」。其實這種服務的方式可以看成是現在多數企業所採用的 VIP 客戶服務理念。凡是 VIP 客戶都可以得到公司最專業、最優秀的服務。同時，大多數稱為 VIP 的客戶不僅自身能感受到公司的重視，也為這種 VIP 客戶的資格或是身分為公司支付了更多的成本。

　　D 公司的直銷式做法與同行業中大多數公司比較顯然簡單而又能看到成效。當同行在竭盡所能利用各種管道銷售自己的產品的時候，D 公司甚至會採用一種最為簡單而又有效的郵寄的方式，將公司的產品組合和服務方式傳給不同的客戶，特別是中小型的企業客戶。當然，郵寄是 D 公司直銷模式中的一種方式，類似的方式還包括網際網路直銷、首家電腦供應商開通的免費直撥電話、重點客戶登門推銷等。透過不同方式的組合以及個性化的產品服務，D 公司得以在電腦領域占有舉足輕重的地位。

槓鈴管理釋義

如今簡單管理的想法日趨強烈，正因為如此，在研究簡單管理的過程中，我提出了槓鈴管理的簡單化管理的模式。與客戶的廣泛交流的過程中，槓鈴管理逐漸完善，同時也得到客戶的普遍認可。在此基礎上，根據收集來的素材以及我的進一步研究，槓鈴管理的內容在本書得以深入的闡述。

簡單管理的由來

簡單管理並非杜撰，也不是空穴來風。最初簡單管理的想法來自於我在 H 公司的親身工作經歷。正是這種來自於知名企業的管理工作的經歷，使簡單管理具備深厚的基礎，也為槓鈴管理模式的提出提供現實的素材。

在 H 公司工作的幾年中，我得以經歷不同的工作環境。從畢業初期的現場實踐一直到主管集團行銷中心的全國「三店」，即店中店、電器園和專賣店的管理，特別是產品的現場演示工作。也正是參與這樣的全國性管理工作，簡單管理的想法自然而然地應運產生。

在說明簡單管理的來源之前，我認為有必要把當時 H 公司的管理現狀作一下說明，這樣有助於說明簡單管理。

H 公司當時採用的是事業部制的組織形式，具體分為四大本部：冰箱‧電工本部、冷氣‧電子本部、冷櫃‧電熱本部、洗衣機‧住設本部。集團層面則設有四大中心：企業文化中心、行銷中心、人力資源中心、

第七章　槓鈴模式

規劃發展中心。其中，行銷中心全面監管集團的市場運作，對各本部進行監督和管理工作。而對全國的「三店」管理則是工作的重中之重。在對「三店」例行飛行巡檢的過程中，我逐漸發現一個現象：資源浪費。比如針對一個店中店來說，各部產品均集中於此，其中每部派 2～3 名促銷員負責產品演示、整理及向顧客介紹的工作。每部的促銷員只對本部產品負責，並由本部直接考核和培訓。針對這種工作方式，我逐漸觀察到這裡面至少存在兩個方面資源的浪費：其一，「自掃門前雪」的心態導致了不能以集團的名義為每一個顧客服務。而顧客光顧店中店看的是整個 H 集團，不僅僅是其中哪個部門；其二，促銷員的培訓工作不到位，只了解本部的產品，而且培訓由各部在當地的市場經理負責，缺乏一定的計畫性。所以，我當時就認為，如果要從集團的整體利益考慮，這種做法顯然是一種浪費，也過於麻煩。因此，我一方面盡自己的本分工作，同時也在考慮是否有一種更高效率的工作方式。在不斷的市場調研以及自我分析與總結的過程中，簡單管理的想法也就產生了。

當時我認為簡單的做法應該是這樣的：將各本部的促銷員集中到行銷中心統一管理，各本部負責產品的銷量考核與薪資兌現。促銷員的培訓由當時行銷中心所屬的電話中心的接線員代表培訓，同時雙方建立互動機制。電話中心的接線員要定期以促銷員的身分到一線，感受現場氣氛；促銷員也可以通過考核成為電話中心的一員。這樣一來，既可以充分把每一個人調動起來，也可以集中集團的資源為每一個不同需求的顧客服務到位。

儘管當時這些是我的一種想法和建議，卻也是簡單管理思想的泉源。自此以後，無論從事哪項工作我都會圍繞著目的的最終實現按照這種簡單的想法去做。但是，當時只是一種想法而已，具體怎樣才算是簡

單管理並沒有明確地提出來。後來，一個偶然的機會從事顧問工作，我得以從管理的理論和實踐的角度研究簡單管理。在對不同企業、不同管理方式的對比與分析的基礎上，我從體系的角度提出了簡單管理的一種模式，也就是槓鈴管理。

與其說簡單管理的想法來自於在 H 公司的工作經歷，那麼只有當我從事顧問工作，具備一定的管理理論和顧問經歷後才得以在一個體系的層面上系統地提出簡單管理的槓鈴模式。

說槓鈴管理是一種簡單管理應該先從我的顧問工作談起。最初接觸顧問業還比較陌生，通常還是認為顧問工作和以前在企業時一樣，在特定的環境中從事特定的工作。其實不然。在做顧問工作的過程中，我得以充分地審視我的顧問工作。作為一名資深的顧問，對自身的素養要求極高。不僅要具備基本的形象、禮儀、談吐能力之外，還要先人一步走在資訊的前方。這就要求顧問要有一個不斷地自我學習的能力。

此外，顧問有機會面對不同行業、不同背景、不同性質的客戶。與他們深入接觸不僅可以建立一個開放式的社會資源，也可以短時間內豐富顧問的閱歷和能力。正因為顧問業的前景所在，越來越多的素養良好的人參與其中，而且有的大學甚至開設管理顧問的科系，立志培養未來的顧問。

槓鈴管理之所以能形成體系，其實均來自於服務客戶的經歷和心得。顧問的主要工作就是和客戶深入接觸，了解客戶現狀，為客戶提供必要及時的服務，幫助客戶迅速成長。因此，顧問有機會全面、現實地了解客戶。在和大量客戶接觸的過程中，經常會談到管理的話題，也經常會聽到客戶對管理的抱怨。當我把客戶的共性問題放在一起進行總結，就會發現：雖然客戶大都意識到企業發展過程中管理的重要性，但

第七章　槓鈴模式

具體實施起來卻是千差萬別，管理並不得法。就像本書中提到的管理失誤和管理的知之甚多、行之甚少一樣，客戶採用的管理大多是複雜和繁瑣的。

當然，單純地建議客戶將管理簡單化並沒有實際意義，因為客戶需要的是能夠解決問題的「可操作性方案」。由此，遵循簡單管理的想法，我開始研究能否以一種系統的模式來確立簡單管理。

顧問在與客戶交流某一問題、現象或是建議的時候，通常以案例或是工具來引導客戶，單純的強制性灌輸或以自我為中心的方式絕不能讓客戶滿意。所以，我提倡企業管理應該簡單化就必須透過具體的內容來和客戶探討。其實，簡單管理的方式有很多，比如像授權管理、目標管理等都可以看成是一種簡單管理。不同的是管理者的管理角度不同，隨之而來的簡單方式也不一樣。目標管理圍繞著目標的實現設定標準、方法或是工具，重點放在企業的目標上；而授權管理的重點是透過授權的方式或技巧，讓下屬竭盡可能地完成部署的任務。如果從體系的角度看簡單管理，管理者不去過多地參與事務性的工作就必然要專注管理的重點。這時，我想到了舉重運動。舉重運動員就好比是企業的管理者，他的目標是在特定的環境下（場地、時間、裁判等）舉起槓鈴；而企業管理者也要在特定的市場環境中實現企業的終極目標。舉重運動員透過抓桿將兩個槓鈴片舉起來；企業管理者透過過程管理，專注企業的決定性因素，進而實現企業的可持續性發展。二者應該說有異曲同工之處，那就是為實現目標而專注重點或是關鍵的因素。這樣，結合簡單管理的實際執行，槓鈴管理的模式基本上，從體系上得以確定。

槓鈴管理的內容釋義

　　槓鈴管理作為一種簡單管理從體系上確立了管理者管理的重點所在。企業的管理是一個系統的過程。根據企業發展的目標，企業的管理者需要從各個方面建立條件，滿足企業發展所需的空間。在企業管理的過程中，管理控制尤為重要，它涉及到管理的各個環節。一般來說，企業的發展離不開管理，而管理又有許多的層面，比如管理層面的策略管理、執行層面的績效管理、作業層面的標準管理等等。進一步細分，管理者對內要行使員工、物品、制度、標準、考核、激勵等管理；對外則要關注市場動態、國家政策、社會關係等。企業的管理者要有三隻眼睛，第一隻眼睛盯住企業內部的員工，讓企業員工對企業的滿意度最大化；第二隻眼睛盯住企業的外部市場，盯住使用者，使使用者對企業的滿意度最大化；第三隻眼睛盯住企業的外部機遇，盯住國外市場，使公司融入全球化。很多的企業管理者往往是多隻眼睛一起用，盯住企業發展過程中的所有環節。事實上，管理者要做到管理的面面俱到是不可能的。相反，專注管理的重點，以點帶面，做到點面結合，才是管理者本身的職責所在。

　　面對如此繁多的管理點該如何下手是管理能否簡單化的前提，而槓鈴管理的提出恰好解決了這個問題。槓鈴管理的簡單體系主要由3個方面構成，也就是管理者在管理企業的過程中應該將管理的重點放在這3個方面，接下來再通過一些簡單的原則和做法實施這3個方面的管理。具體來說：槓鈴管理由決策、人心、執行3個方面構成。其中，決策是企業持續發展的關鍵，人心是企業持續發展的基礎，而執行則是企業持續發展的保障。同時，槓鈴管理又將決策內容分解為策略、企業文化、突發事件。確立以上3個方面管理的重點絕非偶然，無論是從工作的角

第七章　槓鈴模式

度看，還是從一些成功或是失敗的企業經歷看，都可以驗證3個方面的重要性。

槓鈴管理實現企業簡單管理的重點定位在決策、人心和執行3個方面：

一、決策

從企業發展的過程看，決策是一種「當機立斷」的行為，對於今天市場的飛速變化，決策能力的大小檢驗企業成功機會的大小。決策可以是一種連續的行為，比如策略管理；也可以是一種短期的行為，比如控制突發事件的危機管理；同時，決策的正確與否與執行也需要一定的基礎，比如企業文化的管理基礎。策略的重要性對企業的發展不言而喻。沒有策略，企業就像是航行在大海上沒有目標的船，搖搖擺擺不知所措；當危機來臨的時候不能做到迅速反應，就像人面對陌生的疾病那樣，沒有免疫能力必然會「吃大虧」；而沒有深厚底蘊的企業文化支持，就像人沒有健康的身心一樣，「弱不禁風」。因此，決策的這三個方面作為企業能否持續發展的關鍵應該被列入管理者的管理重點工作。

二、人心

人是企業和組織的重要因素，離開了人，企業也就不存在了，這也就是管理上常說的「企業無人則止」。人固然重要，但人心的掌握卻是成敗的關鍵。俗話說「人心隔肚皮」，控制了人卻控制不了人心。這就好比是我們常提到的「心不在焉」一樣，表面看是在努力工作，但因為心不在工作上，所以忙了半天也不會見成效的。對於企業的管理者，其實現在並不缺人，相反缺少的是用心工作的人。一個各方面均很優秀的人，如

果沒有將他的工作積極性發揮出來，工作效果可想而知。所以，管理者管理的對象不僅僅是人，更應深入到人的內心深處發掘管理的潛能，從而將這種潛能展現在工作上。

三、執行

　　管理是一個過程，其間必然涉及到執行。執行是企業管理的動態過程，就像舉重運動員透過手中的抓桿舉起槓鈴一樣，執行也需要透過管理者掌控來實現企業發展的目標。應該說，唯有執行，企業的目標才能實現。這就好比是「說和做」的關係，再好的說辭、內容，如果不去做，也只能是「紙上談兵」，不可能有結果的。所以說，執行是企業持續發展的保障，是企業成敗的關鍵之一。對企業來說，處於變化的市場環境之中，競爭避免不了。處於同一個起跑點的企業都需要具體的執行才能達到企業成功的終點，而在這個過程中展現出的執行力大小則決定了企業的發展速度。因此，作為企業的管理者來說，儘管大家都在執行，但誰的執行力強誰就有領先一步的可能。

第七章　楨鈴模式

楨鈴管理的簡單工具

　　楨鈴管理從體系上形成了簡單管理，在實際的執行過程中則要參照一系列簡單的原則和做法，透過到位的形式展現簡單管理。我們說，管理是觀念與工具的平衡。其中，簡單管理是一種管理的觀念，管理者可以透過楨鈴管理的工具來實現企業的簡單管理，而平衡就是一種管理的到位，最終實現簡單管理。

　　在楨鈴管理體系的框架內，圍繞楨鈴管理的三要素：決策、人心、執行，進一步提出了簡單到位的管理工具，在這裡以目錄的形式簡單介紹一下。之後，在餘下的各章節中對部分工具再作進一步地剖析。

楨鈴管理的簡單工具

一、決策篇

選擇策略——

　　集中原則 (資源整合、集中到位)

　　聚焦原則 (可見差異化、延伸差異化、維持差異化優勢)

　　第一原則 (資源第一、形象第一、做唯一)

　　跟隨原則 (套用、擦邊球)

引領企業文化——

　　資源整合 (現場資源、人力資源、政府資源、媒體資源、流動資源)

物質建設（產品的物質基礎、人的物質基礎）

行為建設（員工行為、社會行為、對內以身作則、對外擅於展示）

制度建設（科學、規範）

精神建設（以人為本的價值觀建設、以團隊合作的精神建設、以市場為導向的意識建設）

企業文化手冊

控制突發事件 ──

突發事件的應急流程

應對突發事件的（無結構）平行原則

制度建設（首問負責制、第一處理制、請求權利制、落實結果制）

二、人心篇

傳遞溝通（雙向原則、共鳴理解、掌握心理距離、Face to Face）

解決矛盾（疏導、發洩、昇華、轉移）

轉化誘因（誘導、為自己工作、非物質激勵）

改善協調（上級協調承諾、同級協調遠景、下級協調現實）

自我管理（時間調節術、資訊促效法、掌握事情的輕重、自我控制的瓶頸原則）

員工管理（鏡子與面子、填鴨式灌輸、水能載舟亦能覆舟）

三、執行篇

完善體制（組織的內外結構、年齡比例基於同世代：上級年長於下級、執行的量化收權和放權、考核的單動聯動與互動）

第七章　槓鈴模式

書面見證（流程子母卡）

確立責任（執行過程責任表）

追蹤過程（關鍵項、輔助項、關注與指導）

定義結果（定義事、定義人、定義結果）

持續改進（四抓原則、工作五步法 —— PDCIS）

第八章

簡單管理，平衡策略

要想建立起一套具有自身企業特色的管理模式，確保交貨期、保證品質、降低成本、促進回款，就必須從頭開始，找出問題根源，第一次就把事情做對，不要等到很多事情發生了再想辦法解決，把所有的問題都消除在萌芽狀態，在公司內部建立起一套非常清晰的管理流程和生產運作流程，讓每一個人都十分清楚地知道自己在做什麼，讓每一個人都十分清楚地知道該怎麼做，讓所有人都能夠知道問題出在什麼地方，讓所有人都能夠時刻保持著應有的責任和警惕，隨時可以避免一些不必要的不良發生，把公司的損失降低到最低限度。

第八章　簡單管理，平衡策略

平衡術的運用

　　對於管理，我們已經建立起這樣的認知，即，管理是觀念與工具的平衡。管理是觀念，也是工具，而更為關鍵的是管理者要將觀念與工具做到平衡運用，管理才有價值，才能發揮它的作用。對於觀念和工具的釋義和它們之間的關係，前面已經用很大的篇幅加以闡述，其目的就在於讓管理者建立起對管理本質的認知。在此基礎上，我們進一步剖析管理，深入到管理的實際運用領域，即，管理平衡在管理過程中的運用。

　　說到平衡，其實是很好理解的。體操運動員在做運動的時候要講究身體的平衡，特別是女子平衡木項目，平衡是取勝的關鍵要素之一；人的生活規律也要講究平衡，特別是在膳食方面，粗細均衡、有節有制才是身體健康的保證。將這些平衡的認知運用到管理中則具有研究與實用的價值。

　　我們說過，管理不是一個人的事，而是一種借力的行為，也就是透過他人將自己想辦的事情辦妥。這裡，管理演變為多人的行為，這就需要在管理過程中要做到對各方資源的平衡。管理不是絕對的，不同的人、不同的環境產生的管理前提條件不同，因而平衡管理方能有效。在任何一個企業的管理中都可以見到平衡管理的影子。比如元老級員工與新員工需要關係平衡、生產與行銷需要利益平衡、企業發展與追求利潤需要策略平衡，甚至企業員工自身也需要考慮各種關係、資源、成長條件的平衡等等。沒有平衡，企業就像一艘在波濤中航行的船，隨時都面臨著巨大的危機。平衡伴隨企業發展的整個過程，企業的存在也是各種關係力量平衡的結果。因而，重視平衡、調節平衡的積極因素應該是企

業管理者的管理必修課。

在建立企業管理中有關平衡認知的基礎上，再進一步從管理歷史的角度看管理平衡，可以更好地幫助我們建立和掌握企業管理中的平衡概念與做法。

古代為了維護統治階級的既得利益，管理者廣泛平衡各方利益，力爭減少矛盾，建立「萬世基業」。在平衡管理方面，有很多古例可供現代人參考，看看他們是如何駕馭平衡的。

「法」、「術」、「勢」

作為維護國家統治的思想和制度的提出應該來源於春秋戰國時期韓非子的「法」、「術」、「勢」。關於這方面的話題，儘管前面已經提及過，但在這裡我們想透過其中的「術」來闡述早期對管理平衡的認知。

韓非子，戰國時期著名的法家學派的代表，他管理概念是法制和等級制，並提出管理的「法」、「術」、「勢」三原則。其中的「術」講的是透過比較「言」與「行」，也就是比較可能的行為和實際的行為來駕馭管理。這裡面展現出一種平衡，透過平衡可能與實際的行為，尋找最佳的方式和手段實現管理。

韓非子提出管理的「術」可以看成是古代管理史上最早的平衡概念，並透過一系列制度化的形式確立管理平衡術的重要性及做法。在這以後，伴隨著朝代的更迭及發展，平衡管理越來越成為實效的管理之道。

瓦崗寨皇帝的產生

隋朝末年，朝廷腐敗，黃帝昏庸，重用奸相把持朝政，殘害忠良，魚肉百姓，致使哀鴻遍野，民不聊生，十八路反王揭竿而起。以秦瓊、

第八章　簡單管理，平衡策略

徐懋功、程咬金等人為首的英雄好漢賈柳樓聚義，決心共同除昏君，為民請願。他們在瓦崗山建立了反隋義軍，招英雄、納賢士，多次與隋朝官兵浴血奮戰，最終困死楊廣，成就滅隋大業。其後秦瓊等人又助秦王李世民翦滅群雄，輔佐李淵在長安稱帝，建立了一統天下的大唐帝國。

在英雄好漢起義的過程中，其中的一段瓦崗寨選皇帝是一種典型的管理平衡木。

眾所周知，早期瓦崗寨的皇帝由「混世魔王」程咬金來做，只是後期才請出李密。程咬金陰差陽錯，才龍袍加身，但實際上這只是一種藉口，真正的原因還是來自於各路英雄彼此的平衡。在聚義的眾英雄好漢之中，人人皆非等閒之輩。問題也恰在於此。儘管表面上大家以兄弟相稱，但骨子裡誰也不服誰。這時，大家就需要有一個能起到平衡作用的人來出頭，平衡大家的利益。

軍師徐茂功號稱小諸葛，智謀天下無敵；秦叔寶武功一流，人稱小孟嘗；單雄信最講義氣；王伯當管理能力非凡。可見，每個人都有自己擅長的一面，而程咬金則不同。武功只有那幾招，大字不識，心無雜念，但他宅心仁厚、講義氣、有人緣。推舉這樣的人當皇上才能平衡大家內心的顧慮，把大家凝聚在一起。經過這樣的平衡，大家儘管知道皇上不如自己，但也想充分表現自己，少了顧慮和牴觸，平衡的結果自然就是瓦崗寨的日益強大，多次擊退朝廷的圍剿。

以上是歷史典故引申的管理平衡。具體談到企業管理的平衡，存在的歷史時間並不久遠，並在逐步的得到發展。

管理在成為一門專業的學科之後，對管理的研究就一直沒有停止過，其中涉及到對人、對技術、對環境等的研究。所有這些研究無非都為了實現一個目的，即，透過對管理不斷地深入了解與掌握，最終提高管理的效率，最大化地實現管理的預期目標。綜合管理的研究，不難發現，管理在某種程度上更多是一個平衡的結果，透過研究如何平衡涉及

管理的諸多要素，實現資源的最小化和利益的最大化。從歷史的角度看管理平衡，可以看出，管理的平衡史實際上應該是從追求工具的平衡到追求人的平衡，進而再平衡工具與人之間的關係。

工具到人的平衡

　　管理最初是追求工具的平衡運用從而實現生產效率的提高，滿足生產主、資本家對利益的追求。在平衡工具的過程中，人通常被認為是一種「移動」的工具。說到這就不能不提及管理的雛形之一，也就是由泰勒的鐵鍬實驗而產生的科學管理。當初泰勒做這項實驗的目的是想透過對不同實驗數據的比較提高工作效率，進一步透過數據建立一套科學的制度和標準，用以引導工人的工作和管理者的管理。此外，從管理平衡的角度看泰勒的鐵鍬實驗，可以看出，泰勒透過多組人、多次實驗得出提高生產效率的最佳方式，其實就是一個平衡的結果。透過平衡，發揮人和工具的最佳使用效率，從而提高生產效率。

　　在泰勒之後，一些學者進一步加強對管理的研究，此時，對人的研究得到了空前的重視。最早將人作為重點考慮對象研究而不是簡單的工具的實驗是梅奧在霍桑的實驗。透過實驗，梅奧發現，人的思想行為對人的工作行為是有相當大的影響，而人的思想卻是最難以揣摩和控制的。自此以後，許多的管理學者越來越多的重視人、研究人，直到我們現在倡導的「以人為本」的人本管理。眾所周知，人因為固有的屬性而成為管理的難點。如何能夠駕馭人、管理人目前並沒有一個統一的成功模式，但衍生出的一些管理思想和手法都有其獨特的生存空間。因而，強調對人的管理與其「生搬硬套」不如「平衡運用」，這也就是管理從工具到人的平衡。平衡不同人的思想、欲望、能力、見識、認同，將這些因

第八章　簡單管理，平衡策略

素最終平衡到一個合理、可控的範圍內，管理也就會產生實際的價值。否則，管理做不到人的平衡，採用一些非正常的手段，比如「空頭支票」式的許諾、打壓、暴力等都不會使管理達到預期的效果。

工具與人之間的平衡

其實，管理強調人的平衡，同時也會強調工具與人之間的平衡。這就好比是人與自然的平衡一樣，不能單純地強調其中某個方面的平衡，而是透過整體的平衡實現人與自然在地球的共存。企業管理發展到今天對人、對工具的研究已經是「遊刃有餘」了，特別是全球進入網際網路時代，高科技的工具層出不窮，管理的研究似乎已經到了「山窮水盡」的地步了。與其過多地追求高科技、新事物，不如就地對現有的管理思想和技術進行充分地運用，現實地解決企業管理的不足。如果我們能將目前的管理思想與技術轉化為生產力，管理水準和效率也會大幅提升的。

管理歷史的漸進是一個平衡的過程，也就是工具到人的平衡。從今天的審視角度看管理平衡，它已經進入到一個平衡工具和人的行為的時代。在網際網路高度的時代，高科技的工具需要素養、水準良好的人來駕馭，二者互相促進、互相提升。管理在這個過程中更多的是起到平衡的作用。平衡技術、平衡人的駕馭能力，二者平衡發展才能促進時代的進步、管理水準的提高。反之，管理做不到對工具和人之間的應有平衡就會出現不和諧的音符，比如管理者（當局）放任複製技術的研究、放任對相關人員的管理，在某種程度上就會產生具有破壞力的負面影響，這個現象目前已經出現了。可見，平衡工具與人之間的關係，做到二者協調地發展，對管理是一個促進，對人類社會也具有巨大的推動作用。

管理與平衡

管理要做到平衡就不能不提及中庸管理。中庸之道來自於《論語·雍也》中孔子的一段話:「中庸之為德也,其至矣乎!民鮮久矣。」在這裡,孔子把中庸稱為最高的道德。孔子的中庸之道,反對過猶不及,要在過和不及之間掌握一個限度,以保持事物的常態不變。按照宋代學者程頤的解釋,就是「不偏之謂中,不易之謂庸;中者,天下之正道;庸者,天下之定理。」簡單地說,中庸之道也就是不偏不倚,恰到好處。將這種觀念反映到管理過程中也就是一個平衡的問題,左右平衡,保證主體管理的結果。

此外,關於管理的平衡在《周易》中也有寫道。我們都知道,易有太極,乃生陰陽兩儀,整體一分為二,也就是通常所說的事物要一分為二地看。表現在管理上則是中庸式的管理,也就是「中庸管理」。企業管理會有重點,比如有以行銷或以生產為中心的管理,也有以目標或以利潤為中心的管理。當然,最有效的管理則是全員的參與式管理,即,管理者(陽)與被管理者(陰)共同參與的「中庸管理」。全員參與管理可以充分調動員工的管理熱情,更好地實現自我管理的價值。管理者授權與下屬承擔責任都表現出《周易》「致中和」中「兩儀」的原理,完全符合八卦中乾卦的「安人」概念。易學診斷要求管理者(陽)與被管理者(陰)共同參與中庸管理,使企業的人際關係達到「和諧」。從而促進管理發揮最佳效能。

在現代企業管理的過程中,儘管管理在不斷地科學化以及系統化,但傳統的管理思想和意識也不是一朝一夕就能改變的,因此「折衷」式的

第八章　簡單管理，平衡策略

管理依然存在，並起著推進或阻礙管理的作用。所以，管理在執行的過程中離不開平衡，平衡資源、平衡人的心理、平衡發展的欲望等等，以期待透過平衡充分地利用身邊的資源作為發展的推動力。

平衡與發展

發展是人類社會永恆的主題。企業也是如此，它在追求盈利的過程中最終還是要實現自身的發展。眾所周知，事物的發展不是一成不變的，而是充滿著艱辛和曲折。它不僅要受到外界環境的影響，同時自身的原因也會改變事物發展的程式。因而，對於發展，一方面我們充滿著渴望；另一方面，我們也會採用多種方式、手段或是工具來最大化地實現發展。這裡，發展的前提有很多，但穩定是一個必不可少的要素。畢竟，歷史已經證明，人類的進步、社會的發展離不開穩定，企業的發展則更需要一個穩定的經濟社會環境。可見，穩定是發展的重中之重，是發展的厚重基礎。

穩定是發展的前提，離開了穩定，健康的發展也就失去了它存在的基礎。穩定的方式有很多，上至國家，下至企業均需要不同程度的穩定支持發展。比如國家會根據社會的現狀發表一些政策進行調控，保持穩定。就像是對經濟發展速度的控制，當經濟增加速度這架飛機急速上升的時候，國家就會用調控的手段讓它在一定的時間內保持穩定的速度。企業也是如此，但對於處在大多數成長過程中的企業來說，還是需要增加速度。這時，一方面需要穩定的經濟環境來支持發展；另一方面，企業也需要不斷進行自我調控以迎合企業發展的要求。

說到企業的發展，大多數企業還是處在一個小心翼翼的階段。這就

好比是高空走鋼絲，一不小心就會掉下來，以致於「前功盡棄」。遇到這種情況，走鋼絲的人通常會找一根竹竿，用手橫握，透過增強平衡性保持穩定，最終一步步地走向盡頭。走鋼絲需要的是穩定，只有在穩定的情況下才能站在鋼絲上，這是成功的前提。同樣，對於企業是否也是如此？企業發展的外部環境有時很難控制，但自身的控制則相對容易。企業練好了內功，才能更好地面對外部的機遇與誘惑，才能把握機會發展自己。所以，我們可以這樣認為：透過平衡來保持穩定，而穩定卻又是發展的前提條件。一般來說，企業在發展的過程中必須要做到各部門間、各業務間、各社會資源間的關係平衡。

任何一個成功發展的企業，其平衡的管理能力均具有一定的功底，特別是在內部的部門之間、主營業務之間以及社會資源的協調之間。比如說 H 公司的管理與發展，成功的原因之一可以看成是這些要素平衡的結果。H 公司的流程再造旨在打破部門之間的無形的「牆」，使每個部門每個員工面向市場，實行創新的「SBU」管理，透過市場來解決部門間的工作障礙；在產業發展的過程中，H 公司不僅僅進行多元化產品的擴張，還進入到多元化產業的領域內，利用 H 公司的資產品牌全面發展；在社會資源的平衡上，H 公司更是「如魚得水」，它盡可能協調媒體、消費者、政府等資源，最大限度地促進品牌與產品的發展。所有這些，都可以看成是 H 公司透過平衡的藝術、必要的手段駕馭資源、整合資源，最終得以高速發展的結果保證。企業的發展是一個有機的整體發展，片面性的最優並不代表系統能夠健康的發展；相反，有效地平衡各系統的關係，保持系統內的穩定，從而有效地實施既定的政策、方針，調動各方資源為己所用，這才是企業發展的明智選擇。

第八章　簡單管理，平衡策略

兼顧左右，平衡利益 5

　　平衡是一種管理的高深藝術，透過藝術的運用做到對各方資源的兼顧。在管理的過程中，管理者必須做到對周圍的一切「有所顧及」，也就是平衡身邊的資源。用一句話來說就是「左右逢源。」管理者做到兼顧左右，平衡利益，才能實現自己的管理預期。

　　這裡，引出關於平衡的另一種說法：「左右逢源」。說到「左右逢源」，我們通常會將它看作是貶義詞，並且和「圓滑世故」聯繫起來。「圓滑世故」在這裡不闡述，只是想從管理平衡的角度看「左右逢源」，看看管理者如何在管理的過程中也做到「左右逢源」。

　　「左右逢源」出自《孟子‧離婁下》：「資之深，則取之左右逢其原。」具體釋義為：逢，遇到；源：水源。指到處遇到充足的水源。原指賞識廣博，應付自如，後也比喻做事得心應手，非常順利。以上這些對「左右逢源」的解釋非常適用於對管理平衡內涵的理解。前面我們已經對管理作了大量的闡述，實際上我們也希望管理能夠做到得心應手。既然這樣，管理同樣需要管理者「左右逢源」，平衡各方的利益。

　　一般來說，管理者做到「左右逢源」首先要做到各方利益的兼顧，同時在兼顧各方利益的過程中應該是以自我為中心的。我們將管理看成是「透過別人將自己想辦的事情辦妥」，所以管理者做到以自我為中心的利益兼顧應該不為過。圍繞對管理的認知，管理者為了實現管理的目的，必然要動用一些資源，而其中的資源又不完全是為自己所控制的，比如員工、市場、媒體、政府等。將這些資源整合到一起，顯然要提供資源的利益所在，而如果沒有確立這些資源的利益，甚至自己再被這些資源所累，管理的實現可就「遙遙無期」了。因此，實現管理必須兼顧各方資

源的利益，作為管理者也要在考慮自我利益的前提下充分調動以及平衡這些資源才能盡可能地取得「事半功倍」的管理預期。

在做到以自我為中心，兼顧各方利益的前提下，管理者在管理平衡的過程中還要避免出現「布里丹之驢」。我們提倡管理平衡中的「左右逢源」，但並不希望盲目的，甚至是無助的「左右逢源」。如果是這樣，管理平衡就不僅僅是高深的管理藝術，它甚至會成為管理實現的最大阻礙。

所謂「布里丹之驢」來源於一個典故：丹麥哲學家布里丹早先經營著一家大公司，由於管理不善公司倒閉。他是一個農場的主人，有一群驢子和一千隻羊。餵草時，布里丹讓驢子站在兩堆距離同樣遠近，外觀、氣味同樣吸引驢子的兩草堆之間，驢子走到一堆草前總覺得另一堆好些，當它走到另一堆草前又覺得前一堆草也不錯，真不知道先吃哪一堆好，結果在無限的選擇和徘徊中越來越瘦，有些甚至活生生餓死。於是，我們把管理過程中類似這種猶豫不定、遲疑不決的現象稱之為「布里丹之驢」。「布里丹之驢」是管理決策的大忌。

因此，我們強調管理平衡過程中的「左右逢源」，盡量兼顧各方的利益。但同時，「左右逢源」也應該有限度，管理者掌握好這個限度，避免出現「布里丹之驢」。也就是管理者在平衡管理時，不要盲目地平衡，也不要過分地追求平衡，而是在既定管理原則和目標的基礎上，透過平衡來實現管理預期。

第八章　簡單管理，平衡策略

平衡是管理過程中的到位

對於管理，不論是追求管理平衡也好還是強調對「限度」的掌握也好，終歸是希望用最少的資源實現最大的目的，也就是達到當初預訂的目標即可。對此，我們可以進一步將管理平衡引申為管理到位，平衡需要一個尺度，到位則是管理到達了它應該達到的位置。

到位應該達到什麼位置，對此管理上並沒有明確的界定。什麼是到位，怎樣才算到位，檢驗到位的標準和尺度又是什麼等等。基於以上這些困惑，管理到位是否是一種管理的追求結果？是否也是一種管理的平衡？可以這麼說，管理就是要到位，而平衡則是到位過程中的一種做法。管理的存在是為目標服務的，而目標就是到位的檢驗尺度，管理過程中任何的「過」與「不過」都不能算是管理的成功，因為目標沒有實現任何的努力都是徒勞的，儘管有著美好的或是不堪回首的過程。在這裡順便提一下過程和結果的關係。關於這方面的認知，我們具體在下一章管理失誤中討論。一般來說，管理的目的就在於追求某種結果，沒有結果管理也就失去了意義。但是，任何管理的結果都是由過程得來，失去過程的管理也就沒有存在的可能。管理到位不僅僅是實現管理的結果，更是對實現結果的過程的一種保障與支持。管理過程中的每一步都需要到位，只有各個環節做到位，管理結果自然也就到位了。

對於到位的理解，一般來說，我們可以這樣理解：達到標準就是到位，取得共識就算到位。具體來說，我們對到位的判斷與認可應該來自於實踐和經歷。管理工作中經常會出現一些「推卸責任」的事，造成這

種現狀的原因有很多，但沒有行事的標準可謂是根本的原因。一旦出現這種工作情況，想必管理的效果就會打折。解決這些問題的主要辦法應該就是建立行事的標準，用標準去檢驗與指導日常的管理工作。只有工作過程是按標準做的，並且結果符合事先設定的標準，管理就可以做到位。現在的企業管理經常會用到一些資訊化的工具，實際上也就是透過建立標準盡量避免人的主觀行為。比如企業採用 ERP 系統，建立一個公用的資訊平臺與標準，任何不符合標準的行為都不能透過平臺，也就不能實現。在平臺的約束與指導下，人的行事行為更加規範，管理的到位程度就要好得多。當然，正如任何一種管理模式並不是「放之四海皆準」的，它需要在特定的背景環境下才能「生根發芽」。標準也是如此，我們並不能要求每一個企業的管理都要建立和完善資訊化的標準，相反，一些能夠取得共識的行為也可以成為標準，也可以實現管理到位。比如有一家乳製品生產企業，在檢驗外購包裝箱時的做法就是一個企業內部共識的到位做法。通常檢驗包裝箱的時候都會採用一定的工具和理化方法，測試包裝箱的硬度、強度、厚度等指標。但這家企業在檢驗包裝箱的時候卻並沒有這樣做。很簡單，找一個特製的重物，從一定的高度上砸在包裝箱上，如果包裝箱並沒有因此而受損，則認定包裝箱品質過關，反之則判定包裝箱品質不過關。從這個事例中可以看出，對於這家乳製品企業來說，內部的共識就是到位的做法，而不是一些檢驗的指標標準。事實上，儘管我們的企業也在向國際上標準的企業學習，但這種符合國情的管理做法也有它生存的空間，在某種程度上甚至會更到位。因此，管理到位強調達到標準，也要取得共識，這些既是管理到位的原則也是管理到位的做法。與其爭論什麼是管理到位，不如按此標準去做，才是企業管理者管理的當務之急。

第八章　簡單管理，平衡策略

簡單管理的策略建設

就目前的企業發展來說，策略的選擇至關重要，選擇合適的策略是企業成功的前提。縱觀國內外成功的企業，策略建設可謂獨樹一幟。比如 H 公司在不同時期的策略建設對成功有著決定性的作用。從 H 公司的發展歷程來看，3 次重大的策略制定都具有極其重要的歷史意義。圍繞策略的制定，H 公司整合各方資源，確保策略實現。具體來說，H 公司的策略建設分為 3 個階段：名牌策略、多元化策略和國際化策略。對比其他家電企業，儘管都實施了這 3 個方面的策略，但 H 公司無疑是最成功的。H 公司策略的成功在於其選擇策略的時機和資源得當，並且先人一步。當 H 公司在實施名牌策略的時候所具備的資源條件並不是最優秀的，但透過「砸冰箱」建立起全員的品質意識；在核心產業確定後，H 公司憑藉文化先行的優勢和一定的資源基礎迅速整合了諸多電子產業，成功地進入多元化發展領域；至於 H 公司實施的國際化策略更是在特定歷史時期的必然選擇。可見，策略對企業來說首先是正確的事，之後企業才能動用各種資源正確地實施策略；相反，如果企業策略的選擇是錯誤的或者是不合時宜的，即使自恃優秀的資源也無法取得成功。所以，企業存在和發展的前提首要是確立策略，也就是根據企業自身和外部環境的特點鮮明地提出企業的發展策略，並在實施的過程中動用一切的資源手段為策略服務。

事實上，策略對企業的重要性在今天的工商業領域內已經得到了共識，但具體涉及到企業策略還相對模糊，比如到底策略是什麼、如何選擇策略、如何實施策略以及策略與使命、目標、策略之間的差異等。因

而，作為企業的管理者來說，管理的重中之重在於確立策略，進而掌控策略的建設過程。

正如同本書強調管理的認知應該從歷史的角度來看一樣，策略也應該從歷史的變遷中發掘其價值所在。現代企業的策略認知以及策略的藝術都可以從古往今來的歷史中看到原始的影子。用歷史的策略評價和指導現代的企業策略對策略的有效實施有著實際的意義。

歷史上的策略

策略概念起源於軍事科學，並且其發展和豐富離不開戰爭。正是在歷史的各次戰爭中的策略運用才有了今天企業策略的多樣化。策略一詞來自於希臘語，其含義為「將軍指揮軍隊的藝術」。從軍事家孫武在西元前360年前的著作《孫子兵法》中可以看出早期策略的雛形。在東西方的歷史發展過程中，關於策略的認知詳盡而豐富。透過各種社會背景下的策略描述對今天的企業策略實施有許多的借鑑和指導作用。

孫武的《孫子兵法》中關於策略的認知以及戰術的運用被描述得淋漓盡致，不僅展現出古人的策略認知，也對今天的企業在商海中競爭提供了良好的教材。

《孫子兵法》

《孫子兵法》的作者是古代春秋時期的孫武。對孫武本人的描述在《史記‧孫子吳起列傳》中有記載：「孫子武者，齊人也。以兵法見於吳王闔廬。闔廬曰：『子之十三篇，吾盡觀之矣』。」《孫子兵法》內容博大精深，思想精邃富贍，邏輯縝密嚴謹，堪稱世界上最早的兵學著作，對後來的戰爭影響頗深，因而也被稱作是兵學中的「聖經」，孫武則被認為

第八章　簡單管理，平衡策略

是兵學中的「兵聖」。

　　《孫子兵法》充滿了策略的藝術。其中的策略制定以及實施的藝術不斷地在以後不同歷史時期的戰爭中被借鑑。春秋戰國時期，軍事家常依據《孫子兵法》作為自己軍事行動的理論根據。漢代以後，《孫子兵法》更是被軍事家視為指導戰爭的金科玉律。不僅如此，《孫子兵法》所提出的一些關於戰爭的原則和策略，對政治、經濟起了很大的指導作用。比如《孫子兵法》中所提出的「全勝策」的思想，強調政治清明、君主賢明和內部團結的思想，建立統一戰線、分化瓦解敵對勢力等思想，豐富了古代政治學理論，受到歷代政治家的重視。此外，其成功的策略戰術思想，對於現實社會中商業競爭和其他方面的競爭也具有實際的意義。

　　──《孫子兵法》中對策略原則的描述直接影響到今天的企業策略認知。在《孫子兵法》中，孫子直接地提出了策略的重要原則：策略的成敗來源於5個因素，制定策略的時候必須詳加考慮。這5個因素是道德準則、天、地、指揮官、方法和紀律。用現在的詞語對以上原則的要素進行解釋就是：一個策略的成功必須要使每個人都具有共同的目標，並能發自內心地追求這個目標，同時還要適合策略形成的基礎和背景環境，管理者要求具備更良好的素養和能力，善於採用一定的方法和手段指導目標的實現。這些無疑都是現代一些成功的企業制定策略時充分考慮的因素。可見，早在兩千多年前，關於策略的認知就已經相當豐富了，其中的原則和策略完全可以為我們所借鑑，甚至是「照搬」。

　　《孫子兵法》中關於策略的各方面描述可謂詳實，放眼整個歷史的發展，策略的認知並不局限於此。

　　羅馬著名的軍事家韋格提烏斯認為策略的執行要根據一定的原則，也就是「作戰要按照原則進行，而不是根據機會」。強調對軍隊的管理才是指揮的重點，強調軍隊的適合性才是完成任務的前提。這裡，韋格提

烏斯關於策略的認知更重在策略實施層面以及策略制定需要考慮的資源方面。他認為作戰的原則性更重要，強調的是策略的正確性。當然，機會同等重要。只有抓住機會，並能據此制定正確的執行原則，成功的可能性才會大。再有，他強調策略可行的前提是資源的適合，也就是說只有在到位的資源條件下，策略才有制定與實施成功的可能。這就好比是現在有的企業，在沒有對自身資源充分理解和整合的情況下，盲目制定策略而導致失敗。

德國的軍事家克勞塞維茲在其著作《戰爭論》中強調「策略是為了達到戰爭的目的而對戰鬥的運用。」這裡，他認為戰爭的根本是為了目的，而這種目的是由指揮者的意願決定的。組織從屬於策略，而策略從屬於目的。這裡，克勞塞維茲關於策略的認知又進一步引申出和策略相關的戰術、組織和目的間的關係。策略的出發點來源於目的，為了實現目的，憑藉組織的力量，需要採用具體的戰術。策略是一個動態的過程，組織實施是策略的載體，戰術是不同階段策略的表現。將克勞塞維茲的軍事策略與企業策略相結合，可以這樣認為：企業的發展是為了實現目的，在此過程中企業需要在不同階段（或者就是一個階段）制定一個策略，透過階段性策略的組合實現目的，而每一個階段的策略實施需要採用具體的戰術，需要一定的組織。策略的幾個考慮因素不能獨立存在，只有確定這些因素並形成一個連續的過程才能實現階段性的策略，進而實現企業發展的目的。

事實上，歷史中關於策略的認知是多方面的，不同的策略認知涉及不同的要素，每一個要素都是對策略制定與實現的決定性保障。透過組合才能實現策略。透過對策略歷史的幾個片段的描述可以清晰地理順現代企業策略的前因後果。將這些策略歷史描述的精髓用於現代的企業策

第八章　簡單管理，平衡策略

略管理，策略歷史的價值能更好地顯示出來，而企業管理者也能從中感悟策略並有效地進行策略建設。

策略經典

透過對歷史上關於策略認知的描述，我們得以廣泛地了解策略。其實，策略簡單又相對複雜。說它簡單，強調策略就是要制定一個目標，然後整合優秀資源實現目標；說它複雜，強調策略的制定和實施需要全盤考慮，充分考慮到借用資源的適合性及到位性。此外，策略的制定與實施還需要藉助組織的載體並透過有效的管理來完成共同的目標，同時要應對策略過程中的變化。

縱觀策略，可以說它沒有一個通用的固定模式。任何一種策略都需要在一定的背景下才能得以制定和實施。而透過歷史上關於策略的描述及例子，尋找並總結那些在歷史中已經得到驗證的策略認知，然後再將這些認知與自己的實際情況相結合，制定滿足需求和目標實現的策略應該是目前最簡單的方式，也是最安全的方式。

企業策略

策略儘管來源於軍事上的應用，但經過諸多的企業實踐與管理研究，企業策略學科逐漸發展並完善起來。

通常認為，最初提出企業策略的人是哈佛工商業史學家小阿爾弗雷德·錢德勒（Alfred DuPont Chandler），他在 1962 年出版的《策略與結構》（Strategy and Structure）一書中對企業策略作了初步的定義：策略是一個企業基本長期目的和目標的確定，以及為實現這個目標所需要採取的行

動路線和資源配置。此外,他還提出了「策略決定結構」的理論。也就是說成功的企業首先要確定目的和實現目的的策略,然後選擇最適合的組織模式或形式作為實現目的和策略的載體。與此同時,美國的安索夫(Harry Igor Ansoff)於 1965 年發表了《企業策略論》,企業策略得到了越來越廣泛的應用。在這之後,人們對企業策略的研究不斷深入,企業的實踐機會越來越多,企業策略的內涵也越來越豐富和完善,進而在企業的運作過程中有效地指導企業制定和實施策略。

如果說早期的策略研究涉及到策略的一個基本的制定過程,也就是確定目標、資源配置以及運用實現目的的方法和手段,那麼,隨著對企業策略的研究,對策略的理解更加深入。比如 1980 年代後期,麥可·波特(Michael Porter)提出了「通用策略」的思想,確立成本領先策略、差異化策略、成本中心策略和集中一點策略。在設定的競爭範圍和競爭優勢中選擇適合的一個,並積極行動,這就是所謂的企業策略。

事實上,企業策略學科目前已經是企業管理中相當重要並且完善的一門學科。這些現實的成果得益於前人策略思想的豐富,並且從理性與科學的角度幫助企業建立正確的策略模式,指導企業的策略實踐和實現。

策略的管理認知

企業策略學科的發展增強了企業在商海搏擊的能力,規範了企業選擇策略和執行策略的管理行為。那麼,具體從企業的角度看策略還應該首要確定關於企業策略的幾點認知,在此基礎上採用一定的策略工具進行企業的策略管理。

一般來說,透過以下關於策略的認知基本上可以一窺策略的全貌。

第八章　簡單管理，平衡策略

一、策略用以確定組織的使命、價值觀及未來發展方向

　　企業的發展沒有目的，企業也就失去存在的意義。一般來說，企業的存在就是為了盈利，但同時企業存在又具有很多現實意義。作為社會組成的一部分，企業自然要融入社會發展的大環境中去。因此，盈利是企業一個現實的目的，為社會謀利，為員工謀福，確立自身的價值則是更高意義上的目的。

　　基於目的的實現，企業通常要設定階段性的目標，並針對每一階段的特點設定方向，這就是企業的階段性策略。透過策略，確定方向和行動，這樣每一階段策略的成功實施對保證組織的長遠目的實現具有正面的意義。

二、策略是一種行動前的計畫，用以指導具體的行動

　　這句話展現出策略應該具備的兩個特點：策略先於行動前設定，並同時設定具體行動中的策略指導作用。企業策略不同於做實驗，可以邊嘗試邊做。一旦策略確定就要努力地實現。在沒有確立策略的前提下匆忙行事，缺乏必要的準備必然導致「事倍功半」的結果。這就好比是一場戰鬥，交戰雙方都要對整個戰鬥的前前後後作通盤考慮，提前設定戰鬥中可能出現的情況以及採取的對策，為保證戰鬥的順利進行提前作好各方面的準備。

三、策略的主旨在於確立規定了參與市場競爭的範圍

　　在企業管理的過程中，專業化與多元化始終是一個頗具爭論的話題。到底是將雞蛋放在一個籃子裡面安全還是放在不同的籃子裡安全很難有明確的定論。事實上，儘管管理界對此還有探討和爭論，但不管是

專業化還是多元化都有成功的企業可以驗證。而在一些企業中，專業化或是多元化能否成功均離不開策略的支持。透過策略的制定，企業確定了自身應該在哪些範圍內發展，而策略的實施也限定了企業不能背離既定好的策略發展。因而，策略的作用之一就在於它確立企業應該做的事而避免一定程度上的盲目和隨意。

四、策略是為了獲得持久競爭優勢而對資源環境的整合

成功的策略制定離不開對各種因素的全面考慮，特別是企業所處的資源環境能否有效利用是決定企業持續發展的關鍵。企業參與市場競爭，獲得較大的競爭優勢，這是企業策略制定的誘因。為此，企業需要對影響組合的內、外部環境因素作具體地分析與了解，看看哪些因素能為企業所用，哪些因素需要企業調整，這些都是企業增強競爭優勢的基礎所在。

五、策略是一種相對穩定的決策模式

雖然說企業的發展都有個最終的目的，但為了實現目的就不僅僅是單一過程辦得到的，它需要一個持續的階段性過程。在階段性過程中，企業根據市場環境的突然變化必然會調整相關的策略，也就是策略不是一成不變的。同時，策略也不能瞬息萬變。一旦階段性策略確定，在特定時期就要堅定地執行，否則策略經常調整會導致「軍心不穩」的情況，這樣不利於企業最終目的的實現。

六、策略是一種定位

所謂定位也就是自己設定一個位置。只有在自己熟悉的位置上發揮的餘地才會大。企業也是如此，企業應該確立自己在市場環境中的地位，透過策略的制定和實施與外部環境相融合。進一步說，企業應該在

第八章　簡單管理，平衡策略

制定策略的過程中，透過對外部環境、行業性質以及競爭對手現狀的掌握，確立自己的相對地位，從而以清醒的頭腦對周圍資源進行最大限度的整合，增強企業的競爭能力。

七、策略是企業獲得最大限度的競爭優勢的手段

正如一場戰爭致勝的因素很多，具體在手段上也多充滿著藝術性一樣，企業成功也需要一定的手段，展示一定的藝術。特別是在今天市場環境還不是相對成熟的時候，手段對目的的實現同樣重要。一般說來，手段是一種形式，其中展現的思想來自於前期的準備或是既定的主題，而這些都需要策略的設定和指導。缺少必要的準備或是策略的支持，手段就不能完全表現出競爭力，甚至會「背道而馳」。

八、策略是一種思想、意識

策略由人來制定，而人的主觀因素又很可能影響到策略。比如，穩健型的管理者需要制定穩當的策略確保目的一步步實現；進取型的管理者總希望將創新展現在策略上。因而，策略制定應該現出整體思想，並形成共同認可的事實，以一種思想或意識的作用指導和支配著集體成員共同完成設定的目的。

以上幾個關於策略方面的認知從不同側面展現出策略的組成要素和應該具備的特點。確立策略認知是制定和實施策略的前提，只有充分地了解策略才能建立正確的策略觀，才能正確地運用策略指導企業的發展。

對策略的描述已經相當詳細，而策略的實施需要多種要素組合在一起。比如戰術展現策略思想，使命指引策略，行為確保戰術的執行等等。

如前所述，策略的制定是圍繞企業的目的展開的，也就是迎合企業

最終目的的實現制定一個穩定、長期的策略或是階段性的策略。目的和策略都是相對明確的，甚至可以用具體數字來展現。而透過進一步研究企業，可以發現，在目的的更高層面上還有使命存在。使命相對目的而言更是一個企業的夢想或價值所在。它好比是企業的鴻遠理想，為了理想的實現企業有意識、有計畫地執行各方面的工作，包括策略以及與策略實施相關的工作。

使命對企業的意義除了能夠描述企業存在的價值之外，還能表現企業和相關利益資源的價值觀和遠景的一致性。企業使命更多的是從思想上對全員進行感召與指引，並且讓社會充分理解並接受企業存在的合法性，產生期待和聯想。

策略在確定並進行充分論證的前提下，戰術則是對策略實施的過程性的藝術展現。戰術圍繞策略展開，是策略的藝術表現。戰術運用得當，對策略的實施具有一定的保證作用。

此外，提到策略基本上還能聯繫到諸如策略、謀略。策略一詞同樣來自希臘語，意思是在遭遇敵人的時候，軍隊的部署和管理。用於今天的企業管理，可以把策略看成是一次活動前的原則點。比如新產品上市需要進行一系列的市場活動。在活動前，公司就需要對產品上市的最終效果預定幾個基本的原則，包括媒體活動、現場活動的主題等。這就是產品上市活動的策略，至於細節上的活動則是一種具體的行為。與策略不同的是，謀略更是一種針對行動細節的思考方式，是一種解決具體問題的最好辦法的選擇與確定方式。

在日常的企業管理過程中，我們經常要涉及到目標。年度要有年度目標，月度要有月度目標，甚至每一天都要有目標。有了具體的目標，工作才有重點，才有效果。具體來說，目標是一個確定的概念，它是一

個工作精確的描述和量化的結果，比如目標完成需要數字呈現或是確定具體的完成期限等。

確立目標後就需要透過行為來完成。行為是一種動態的執行過程。行為過程的效果如何對目標的實現、策略的實施都具有一定的影響。即使是合適的策略，如果沒有一個明確的行為來展現，那麼策略也只能是「紙上談兵」，不能實現。

以上涉及到的是與策略相關的一些要素的組合，可以說每一個要素都有其存在的價值。只有當對這些要素進行充分組合的時候才能最大可能地實現企業的最終目的。

從公司的策略層面講，策略組合還涉及到以下4個方面：

九、公司策略

公司策略確立企業要進入的行業以及從事的領域，限定企業違背自身和整合的資源優勢進入不熟悉的領域，從而最大限度地保護和發揮企業資源能力，實現企業發展的最終目的。

十、競爭策略

競爭策略涉及到企業在設定的領域內如何同競爭對手進行有效的競爭。包括企業面向的目標客戶、如何為客戶提供產品和服務、如何抵禦和壓制競爭對手的威脅、如何快速實現企業目標等等。

十一、職能策略

圍繞策略，企業設定不同的企業職能，並將這些職能充分整合起來，對抗競爭並增強企業內在的核心能力。在這些職能中，包括諸如財

務、行銷、生產、公關等職能。每一職能部門都可以分解到具體的策略並有效實施。

十二、行為策略

在以上三個層面策略確定後，如何有效的實施則展現在行為策略上，這也是一個管理控制的策略。透過管理控制的方法和手段，強化員工的行為能力，確保各項策略的實施。

第八章　簡單管理，平衡策略

策略的簡單方式

前面我們提到了有關策略方面的認知，了解到策略的實施方式有很多。正如管理一樣，我們認為有複雜和簡單之分，同樣，實施策略也要求用一個簡單的方式，盡可能實現策略的目的。

關於策略的簡單和複雜之分並沒有明確的固定模式。通常認為，策略如果能夠具備一些簡單的特徵，那麼實施起來就不至於陷入複雜和模糊的地步。關於策略的簡單特徵，這裡我們可以進一步圍繞策略制定展開來說。

治大國，若烹小鮮

老子的《道德經》有一句話：「治大國，若烹小鮮。」意思是說：「治理一個國家，就像烹煎小鮮魚一樣。小鮮魚是很嫩的，如果老是翻過來、翻過去，就會弄碎了；因此治理大國也不能來回折騰。」語言簡單，卻哲理深刻，耐人尋味。

將以上的典故聯繫到策略則展現出策略的一個最簡單的特徵，即，策略儘管不能一成不變，但也應該是相對穩定的，而不是「朝令夕改」。

就企業的發展來說，保持一個持續時間段內穩定的政策，也就是策略穩定，對企業的發展是一個基本的保障。一般來說，當企業獲得「第一桶」金後，恣意的擴張想法盲目地向熱門行業滲透。今天專注在專業領域上，明天面對其他行業誘惑的時候，又強調多元化發展。結果是不僅沒把握住機會，更因為策略取向的多變性浪費了資源。企業沒有方向

或是盲目取向，員工就無法跟隨。這就好比是一場戰鬥，如果指揮者缺乏果斷的指揮，將士們則疲於奔命，而且不得結果。

高瞻遠矚

縱觀部分成功的企業，很多企業的成功都給人一種「超前一步」，的感覺，從而確定領先市場的地位。面對日益激烈的市場競爭，大家都在你爭我趕，這時就要看誰跑在別人前面，而且跑得有章法。因而，策略的制定也應該「超前一步」，我們稱之為「高瞻遠矚」。而要做到策略的「高瞻遠矚」就必須有章法，對策略以「通古博今」的方式作全盤考慮。不僅從縱向的角度了解不同背景環境下策略制定的前因後果，也要從橫向的角度了解行業以及競爭對手對成功策略的理解。在此基礎上，選擇並制定合適的策略。

此外，要求制定策略的時候應該在「通古博今」的基礎上做到「高瞻遠矚」，這就要求企業在制定策略的時候從更「OPEN」的角度考慮策略。不僅要從企業自身所具備和可調動的資源考慮，還要充分考慮策略所處的背景，結合時代、社會、政治、文化、人文等多種因素考慮策略。

充分論證

一個優秀的策略不僅要具備一些基本的特徵，更為關鍵的是策略要建立在充分論證的科學基礎上，透過對事實的掌握，結合主觀意識的能動性，掌握正確的策略。

事實上，策略的制定需要論證，並和主觀意識相結合。制定策略的時候進行必要的市場論證是應該的，但這種論證還要和自己的經驗、能

第八章　簡單管理，平衡策略

力、背景等主觀上的意識相結合，一味地「相信」市場論證，或是一味地從個人主觀意識出發來制定策略都是不可取的，任何一個方向的「極端」都會妨礙策略的正確制定。

為了能做到策略的正確性，通常會採用一定的工具從科學以及自己主觀意識的角度分析並制定策略。比如常用的 SWOT 分析工具就可以很好地解決策略制定時遇到的一些障礙。

SWOT 分析法

所謂 SWOT 分析是一種對企業的優勢（strengths）、劣勢（weakness）、機會（opportunities）和威脅（threats）的分析，以求建立對當前企業現狀的正確定位。SWOT 分析實際上是將企業自身與所處社會環境的現狀進行綜合概括和比較，進而分析出企業的優劣勢、面臨的機會和威脅。其中，優劣勢的分析更多的是將企業自身與對手作比較，而機會和威脅將關注的焦點放在外部環境的變化可能對企業的影響上。透過對企業資源的四個方面的分析及判斷，對企業制定出正確的策略具有基礎性的指導作用。

變通

策略是一種相對穩定的決策模式，既說明策略的穩定性又說明策略也是可以靈活「變通」的。策略的「變通」來自於市場環境的瞬息萬變，畢竟機會是可遇而不可求的。儘管策略制定是正確的，但它畢竟是建立在特定的市場環境之中，而企業外部環境的變化並不能為企業所左右，所謂「與時俱進」就是這個道理。因此，我們強調策略保持穩定，更強調策略能夠做到「與時代同步、與市場的發展和變化相吻合」。

策略保持穩定並不是「墨守成規」，靈活的「變通」才是企業應對市場變化的致勝之道。比如目前的一些以紡織品貿易為主業的外貿公司，在配額時代依據一定的背景和經驗有較大的生存和發展空間。而隨著2005年全球配額的取消，也就是進入「後配額」時代，在國際競爭的優勢不明顯的情況下，如果能夠果斷地實施內銷市場策略，內外貿同步進行，參與市場競爭的機會依然存在。事實上，目前仍有很多一部分外貿企業在觀望，用他們的話說「政策是出來了，但具體怎樣做還不明朗。」顯然，有這種想法的企業勢必在內銷市場上「落後一步」。可見，「變通」不僅是策略得以持續的保證，也是企業靈活應對市場變化的必然選擇。

一個正確的策略通常會滿足策略的基本特徵，但策略並不局限於此。企業在選擇策略的時候以一種什麼樣的原則確定策略的競爭優勢對策略能否有效實施併為企業帶來利益至關重要。

總結大多數企業的成功策略除了具備策略的基本要素外，在策略選擇的原則上同樣具有「高明」之處。一般來說，成功的企業有以下四個原則可供策略選擇時採用與借鑑：

1. 集中原則

所謂集中原則就是企業在制定策略時集中自身以及外部環境的優秀資源將目標集中在確定的顧客群或某地理區域內，在行業內很小的範圍內建立獨特的競爭優勢。

這個原則與軍事上的集中優勢兵力，攻擊對方的薄弱環節，以求克敵致勝的想法非常相似。用在企業制定策略上，集中策略不在於達到全行業範圍內的目標，而是圍繞一個特定的目標執行經營和服務。採用集中策略的邏輯依據是：企業能比競爭對手更有效地滿足特定目標市場的需求。

第八章　簡單管理，平衡策略

實現途徑：資源整合、集中到位。

①資源整合

一般來說，傳統企業發展的規律是先有專案、有資金、有廠房、有產品，之後再去開拓市場。而迅速應對市場變化的企業發展則是要依靠資源整合的能力。因而，當企業在策略制定時若要採取集中的原則，則需要對身邊資源進行充分地整合。進一步說，企業用集中的力量決勝市場，不一定完全靠自己的力量；相反，企業更多的是透過搭建平臺的方式將優秀資源吸納過來，並對這些資源進行利弊的取捨，以求整體資源的最大化。搭建平臺、借力外部資源、作專案管理式的資源整合者是管理者集中企業的優勢力量參與市場競爭的簡單方式和行為之一。

②集中到位

當企業充分調動各方資源為己所用的時候，利益的掌握就成為資源整合的難點之一。畢竟，外部資源並不能為企業完全調動，甚至當利益相左的時候也能產生反作用力。此時，資源反而成為資源整合的次要因素，而將資源的利益點整合到位才是資源發揮效用的關鍵。這就好比是企業在管理人員的時候，只有最大限度地發揮每個員工自身的特點，大家執行工作的合力展現出來的時候，企業的整體管理能力才會提高。相反，儘管每個員工自身所具備的資源都非常優秀，但管理者如果沒有將每個人放到自己應該在的位置上，大材小用或是猜想過高都不利於員工工作能力的發揮。因而，對於掌握的資源，如果將其集中起來形成合力，就必須要保證每一個資源的分力都能恰到好處地發揮作用。

2. 聚焦原則

所謂聚焦原則又可以稱作是差異化原則，它是指企業向外界提供產品和服務具有的獨特的特性，這種特性可以區隔，可以為產品帶來額外的價值。如果一個企業聚焦產品或服務的溢位價格超過因其獨特性所增加的成本，那麼，擁有這種聚焦的企業將取得競爭上的優勢。

實現途徑：可見差異化、延伸差異化、維持差異化優勢

①可見差異化

可見差異化來自於企業向外界提供的產品或服務與其他對手相比有明顯的差異，並且能讓消費者或是其他服務的對象明顯感覺到。比如 W 公司倡導的顧問式服務。透過銷售代表（顧問）的直接式的公司理念和產品的現場演示，突出產品和服務的與眾不同，從而在消費者心裡建立了與其他產品和服務的區別，而這種區別往往能為公司帶來實際的益處。

企業的聚焦策略透過可見差異化表現，是一種更為直接的獲得較大競爭優勢的方式。企業聚焦產品或是服務的特點，透過可見的包裝、形態、內涵打動消費者，從而滿足消費者對「新、奇、特」的追求心理。比如說家電產品的現場演示，生硬的放置顯然不如身臨其境的效果好；再比如現在的「體驗式消費」也是將公司的特點透過可見的差異方式展示給顧客，以便贏得顧客的好感。

②延伸差異化

與其說可見的差異化創造了與其他對手產品和服務的區別，賺取更大的「眼球」的話，那麼延伸產品或服務的差異內涵更能爭取到顧客的認可，並在一定程度上節約企業資源，為企業創造出更大的「溢值」。

第八章　簡單管理，平衡策略

眾所周知，根據八二法則，企業的成功是由少部分重要的資源提供的。從產品和服務的盈利來看，老客戶提供的價值更大一些。而延伸產品或服務的差異，無疑能夠爭得更多的穩定的客戶支持。在節約一定的資源，諸如開發費用的前提下，老客戶自然會為延伸的產品和服務創造更多額外的價值，這就是產品或服務的「溢價」。

③維持差異化優勢

在策略要求穩定的前提下，企業聚焦產品或服務透過差異化展現優勢是一種企業盈利的能力，而在策略的範圍內，如何維持這些優勢比創新更為重要。當然，創新是企業永續的動力來源，而當企業需要根據環境在特定時期內穩固自身的優勢並累積基礎的時候，維持目前的現狀更具有實際意義。一方面企業積極透過可見差異化實現業務拓展；另一方面又可以透過穩固延伸的差異化優勢增強自己的市場基礎，在維持的過程中抓住市場的機會。

3 第一原則

所謂第一原則就是企業在制定策略的時候是否採用以我為尊的原則，即在產品、服務及資源配置上擁有競爭對手短期內無法追趕的優勢。

與其他原則相似的是第一原則可以為企業贏得更多的市場駕馭能力，在一定程度上又可引導市場消費能力，使市場的消費主體轉移到企業一方。「要不就不做，要不就做第一」是採用第一原則作為策略方向的企業在行動中貫徹的原則。

實現途徑：資源第一、形象第一、做唯一

①資源第一

　　企業的發展強調的是整體的發展，各個片面性的最佳整合到一起才能促進整體的最佳。因而，企業強調自己是第一的前提應該是企業所利用的資源都具有第一的能力。這樣，將不同第一的資源整合到自己搭建的平臺的時候，才能更好地應對競爭。否則，可供整合的資源能力參差不齊，而且整合的力度不到位，整體的第一優勢不具備扎實的基礎，第一的優勢只是表面現象，不能有效地運作市場。比如現在一些企業有很多第一，但這些第一經不起推敲，甚至有的第一完全是杜撰的第一。為了這些所謂的第一，企業就好比是深海中的「大鯊魚」，架子雖然大但內在空虛，需要不停地張口「吃東西」，否則就有被餓死的可能。

②形象第一

　　資源做到了第一也就是提高了內功，對外顯示的時候必須要考慮到形象是否與第一相匹配。

　　很多時候，第一的資源往往不易表現出來。對外界來說，它更多的是要感覺和觀察企業展示出來的第一，此時形象就顯得異常重要。這就好比是我們經常提到的「第一印象」，印象好自然就會對其他方面「另眼看待」。如果企業在對外展示的時候，透過類似「做秀」的方式強調自己的第一優勢，而「做秀」的形象又不具備第一的優勢，至少讓外界有這樣的感覺，那麼自身本來具有第一優勢的資源也會被否定，造成部分資源的浪費。因此，即使企業自身具備了第一資源的優勢也應該透過長期或是短期的第一形象展示出來，透過第一的形象強化外界對第一資源優勢的認可。

③做唯一

對企業來說,資源的優勢有限,畢竟具備第一資源的能力並不是每個企業都能做到的。因而,企業面對市場競爭,希望具備一定優勢的時候也可以採用另一種第一的方式,也就是做唯一。企業做唯一,一方面可以創造自己與眾不同的優勢,在某一行業或某一特定的領域內形成對手不可小覷的能力,並限制競爭對手的進入;另一方面,做唯一可以在一定程度上弱化市場風險。與其苦苦和強大的對手競爭相比,做唯一能夠更好地利用現有資源實現企業短期內的迅速發展。

4. 跟隨原則

所謂跟隨原則就是企業在制定發展策略的時候,結合自身的實際情況並考慮到自己所進入的行業領先者的領先優勢後,綜合各種資源確定自己的策略,在各方面緊緊跟隨領先者,以降低風險、提高市場的運作能力。

實現途徑:套用、擦邊球

①套用

企業選擇跟隨的方式制定策略,學會套用成功企業的策略選擇及實施方式是一種較為簡單的做法。這樣,既可以避免與第一企業進行正面交鋒,又可以從側面向第一企業學習,提高自身的競爭力。這裡所說的套用,除了第一的企業具有的所謂版權的東西外,其他的都可以直接拿來為我所用,無論是第一企業所掌控的資源還是其對資源的整合方式。

②擦邊球

在乒乓球比賽中,一般情況下選手都會對對方打過來的擦邊球無能為力。即使接球的球員的水準再高,面對這種情況要麼放棄,要不下意

識地做出接球的動作。引申到企業也是如此。打「擦邊球」可以降低第一企業的注意力而迅速發展壯大自己，也可以迫使第一企業無暇顧及。企業打「擦邊球」首先要確定第一企業的優勢地位，盡量減少與第一企業的直接競爭。這樣，既可以最大限度地分散第一企業的關注，將第一企業的競爭風險轉移到其他主要競爭對手身上，也可以利用「擦邊」的機會發展壯大自己。

第八章　簡單管理，平衡策略

關於策略管理工具

在我接觸的很多企業中，策略的制定基本上符合公司所處的市場環境現狀，應該說具備了策略實施的前提。但事實是公司的策略基本上很難與員工的執行工作連結起來，基本上公司的策略是一回事，員工工作又是另一回事。如何能讓員工認同到公司制定的策略，並將自己的日常工作與公司策略相結合是這些客戶最頭痛的管理。

儘管企業制定策略的基礎來自於對自身資源和外部資源的充分分析和了解，但在這個過程中往往會忽視策略實施的主體，也就是員工。沒有員工正確地執行策略，任何好的策略都是空洞的。而為了確保員工將策略執行到位，企業通常在策略實施的過程中運用一定的工具或手段，比如透過培訓來控制策略結果。事實上，企業採用的這些做法並不能完全如企業所願有效地確保策略的實現。因而，策略制定除了要結合上一章闡述的策略要素外，還應採用更為適當的工具促進策略實現。從這個角度來說，平衡計分卡從理論與實踐上看都不失為最佳的策略管理工具。平衡計分卡不僅僅是策略管理的工具，更因為它從人的角度考慮策略，將策略變成幫助企業和員工實現利益的輔助管理工具，因而它也就成為一種相對簡單的管理模式。想必，這也是平衡計分卡作為策略管理工具的另一種釋義。

平衡計分卡作為策略管理工具最初由哈佛商學院教授羅伯特・S・卡普蘭（Robert S. Kaplan）和復興全球策略集團創始人兼總裁大衛・P・諾頓（David P. Norton）經過對在績效測評方面處於領先地位的12家公司的

研究後提出來的，並最早發表於 1992 年 1 ／ 2 月號的《哈佛商業評論》(*Harvard Business Review*)中。平衡計分卡作為企業的策略管理工具將策略與執行結合起來，從而有效地幫助企業成功實施策略。一般來說，平衡計分卡從以下 4 個方面全面地關注並促進企業策略的實施。

財務

從財務角度反映企業如何為股東創造價值。通常採用利潤、收入、資產回報率和經濟增加值等指標。

客戶

如何向客戶提供所需的產品和服務，從而滿足客戶需求。常用的指標有客戶滿意度、客戶忠誠度、新客戶增加比例、客戶利潤貢獻度等指標。

內部流程

為了迅速、高效地滿足客戶需求，企業營運流程需要在部門、員工、市場等要素的銜接方面作調整才能有良好的表現。

學習與成長

企業員工透過創新適應變化，並且不斷提高自身的能力。

透過對公司發展的四個層面的關注，強調流程的重要性，並著重將人的因素考慮進來，以系統的方式實施公司既定的策略並確保實施的結果。

從平衡計分卡的 4 個層面看，財務、客戶以及運作流程一直都是企

第八章　簡單管理，平衡策略

業關注策略實現的重點，而學習與成長則來自於對人的重視。可以說正是因為平衡計分卡將人的重要性上升到一個策略層面，策略管理才能有效地進行，也就是公司的策略和員工結合起來，員工能夠意識到自己的工作本身就是公司策略的組成部分，進而帶動公司策略的實施。

公司策略的執行來自於各方力量的貢獻，這裡不僅有社會的資源、策略裝備資源、管理制度、客戶貢獻等，也包括員工在工作中的貢獻。為了能夠透過人的力量有效地執行策略，平衡計分卡針對每個人的利益和興趣、針對所在的部門分別制定了服務於公司統一目標的分目標。也就是說，公司為員工創造一個良好的工作環境，實現工作目標的同時，還鼓勵和幫助員工實現自己的個人目標。在公平、公開、系統化和競爭的基礎上，公司盡最大可能為員工營造一個寬鬆的工作氛圍，並建立起相互尊重、信任、和諧的人際關係。

事實上，平衡計分卡作為一種策略管理工具最終的目的是強化策略實施的能力。在沒有平衡計分卡概念之前，諸多的企業在制定策略的時候經常會犯形式主義的錯。策略的制定多是管理者（高層）以開會討論的方式發表，然後將會議上的策略（精神）最終形成書面的檔案，下達給各個部門。當然，這種做法在某種程度上還是可以接受的。更有甚者，策略的制定就是一種「獨斷專橫」的行為，形成的策略檔案也被「束之高閣」，各個部門透過口頭或揣摩的方式領會公司的策略意圖，接下來的工作還是「按部就班」。可想而知，這樣的策略管理如何能見成效，策略又如何能與公司每一個員工的工作相結合？

平衡計分卡對策略管理的貢獻在於關注策略制定與實施的過程本身，而不僅僅是原則、工具或是作為結果的檔案。透過面對面的講解和溝通方式使員工了解公司策略，並能主動地確定策略與自身工作的關

係。同時，透過平衡計分卡的管理工具將策略緊密地結合到日常業務流程中並推動策略的執行，保證執行的效果。結合多種指標的設定與執行方式，公司策略不僅僅作為高層面的策略，也能和員工的實際工作相結合，這也就是平衡計分卡的策略管理能力。

第八章　簡單管理，平衡策略

策略與人盡皆知的執行目標

全球化的今天，策略管理得到前所未有的重視。市場環境的多元化、資訊的瞬息萬變、企業對自身所處市場鏈的依賴性增強以及員工的個性化要求都注定了企業的成長不是一帆風順的。正因為如此，很多企業都將管理提升作為參與競爭的砝碼。不論是人員管理還是流程再造都是在強化自身的系統能力，而在這些管理之中，我們通常認為策略是管理到位的前提。策略的執行儘管受到諸多因素的影響，甚至是不可抗的外力因素，策略最終還是需要人的行動得以實現，還是需要藉助企業所處市場鏈的各環節的資源支持。因此，我們強調策略不應局限在公司層面，更應結合員工、結合市場鏈現狀，將策略轉化為能夠有效執行的、個個環節都能參與的目標。一般說來，圍繞人與市場鏈的能力貢獻大小，策略對內部員工來說應該和每一個人的工作掛鉤；而對外部，也就是對企業所處市場鏈的要求則是結成精益策略聯盟。

策略與人

策略實施的主體是人，只有策略與人的主觀意識和自身能力相結合的時候，策略的作用才能顯示出來。企業制定策略不能輕易的「空穴來風」，或是讓人難以理解、不可高攀，而是要做到以事實為基礎、以共識為實現的前提。

強調以事實為基礎自然離不開對策略制定的科學論斷，這一點在我們描述策略的時候已經提及，而更為關鍵的則是策略制定過程中要得到

員工的共識。策略取得員工的共識不僅是尊重員工、調動員工的工作狀態,也是一種策略制定與執行前雙方的共同認可,這樣大家彼此確立各自的角色,責任與壓力也就能夠呈現在執行的工作中去。

策略的制定強調人的共識在一些成功的企業中都有成功的例子。比如前面我們曾經提到過 H 公司在進入國際化發展過程中提及的國際化策略。儘管 H 公司在海外建廠、產品已經打入先進國家的市場,但這種國際化的意識是否又能讓 H 公司全體員工感受得到,並且按國際化的標準要求自己呢?H 公司提出國際化策略的口號,同時據此又提出了國際化的 H 公司前提是每個員工都要做到國際化,也就是國際化的 H 公司首先應該是 H 公司的國際化,H 公司的每項工作、每個員工都達到了國際化的標準,H 公司才能成為國際化的 H 公司。這樣,H 公司的員工都確立了自己的工作標準及工作目的,配合公司的國際化策略,從自身做起,嚴格按照國際化的標準做好每一項工作。

制定的策略要取得員工的共識不能簡單地透過說教的方式,畢竟「強制性」的灌輸方式不足以讓員工「心服口服」。因而,應該採取多種讓員工接受的方式。比如透過資訊化的網路平臺方式讓每個員工都有不記名式的「暢所欲言」的機會,開誠布公地提出自己對公司策略發展的構想以及具體的實施內容;或者是以培訓的方式,透過外力的介入讓員工自己有感悟的機會,從而將這些感悟與公司的策略相結合;也可以透過論壇的方式,集合典型代表的想法,實現雙方的面對面溝通。至於每種方式的選擇,企業完全可以結合自身的實際情況,比如在資訊化管理程度較高的企業,利用網路平臺資訊共享的優勢就可以充分調動每一個參與人的狀態。

總之,企業在制定和實施策略的時候考慮的重點應該包管含員工,

第八章 簡單管理，平衡策略

盡可能地透過各種方式對員工「因勢利導」，與員工達成策略的共識，這樣再憑藉諸如平衡計分卡的策略管理工具，策略得以在員工達成共識的基礎上轉化為每個人的實際工作目標。

精益策略聯盟

平衡計分卡作為策略的管理工具其中關注的一個重點就是客戶，從實現客戶指標的角度設定公司的策略以及實施。此時，策略不僅僅是要為企業服務，也要為實現客戶的價值服務。因而，在這裡，策略轉化為執行目標強調的是為客戶的服務。同時，根據策略的相關描述，策略的制定與實施離不開資源的整合。一方面是自身所具備的資源，如人才、開發能力、裝備等；另一方面則是來自於社會的資源。而在社會的資源中，和企業處在同一市場鏈中的資源同樣有助於企業策略的實現。

企業在市場鏈中的地位就像是在一條大河的中游，浩浩蕩蕩奔騰入海，彙集的是來自於上、中、下游的合力。因此，企業在市場鏈中與其上、下游的企業結合在一起共同為客戶服務。一旦哪一環節有問題，最終都會直接或間接展現在對客戶的服務上。所以，就現代企業來說結成策略同盟不僅可以節約企業自身的資源，也可以為客戶提供迅速高效的服務，可謂「一舉兩得」。

從企業發展的歷史角度看，策略同盟一直都是企業索追求的。具體可以分為幾個不同的形式，而其中的精益聯盟則是策略合作的最佳形式。

一、傳統做法

競爭關係：企業之間是一種單純的競爭關係，彼此間的策略都是保密的。

價格起決定作用：在這期間的合作，市場環境相對不成熟，因而合作的價格至關重要，甚至是決定合作的唯一要素。

二、供應鏈管理

合作關係：迎合市場環境的迅速變化，企業單憑自身的資源已經力不從心，建立合作關係成為必然。但是，雙方的合作都相對謹慎，並且以非核心的資源進行合作。比如單純的半成品供給式的一單子買賣。

品質是決定因素：考慮到市場的成熟，雙方的合作更注重品質，而不僅僅是價格、服務等因素。

集中供應商：建立供應商管理制度是合作的科學化表現，此時的合作更多的是一種理性的、節約資源的互惠互利。

三、生產聯盟

時間是決定因素（準時化生產）：市場的個性化需求決定了速度的重要性，因而，企業間的合作應考慮到時間性，力爭在最短的時間內提供需求。

關注關鍵工藝能力：企業間的合作更看重對方的核心優勢，藉助對方的核心優勢增強企業自身的競爭力。

優勢互補（產品適當轉包）：資源整合的最佳方式。企業以合作的方式將自己不擅長的業務交由擅長此業務的夥伴去做，從而集中精力強化自身的核心優勢。

四、策略聯盟

業務及流程一體化：為了客戶的需求，雙方盡量以合作的方式統一彼此間的業務流程，減少浪費，縮短反應的時間。

第八章　簡單管理，平衡策略

資訊流程再造：合作的雙方盡量做到以整體的優勢提供服務，透過流程再造「求同存異」。

策略方向一致：合作的深度方式。雙方建立一致性的策略，全面整合資源，實現各自的最大競爭力。

五、精益聯盟

多點連結精益生產，電子化精益標準操作：藉助先進的科學技術與資訊化手段，使合作方在統一的平臺上無障礙地執行各方面的合作，並形成各自發揮優勢的統一體，以聯盟的形式面對市場競爭。

動態市場鏈創新，形成持久、穩固的競爭力：合作的最高境界。透過精益的動態市場鏈合作，雙方的優勢相互滲透，充分做到數據、技術、資訊以及人才的共享。

用精益的方式結成策略聯盟是企業將策略轉化為執行目標的外在行動。畢竟，現代的市場環境對企業的要求越來越高，單憑企業自身很難實現企業的最終目的。而與市場鏈中的企業結成精益策略聯盟能夠做到資源配置的最小化，實現 1+1>2 的發展效果。

策略為實現公司的最終目的服務，一旦策略（階段性的）確定，實施就是不折不扣的行動。策略與實施沒有形成有效對接是策略管理不到位的具體展現，也是企業發展過程的「瓶頸」。涉及到策略管理，平衡計分卡的策略管理模式能夠有效地促進策略的實施，是一種效率高並且能看到結果的行動。

至於平衡計分卡的策略管理能力可以透過下面一個執行的案例表現，並說明平衡計分卡如何將策略與行動具體結合的。

××公司平衡計分卡專案實施簡述

××公司是一家生產車用潤滑油的企業，產品涵蓋車用潤滑油、煞車油、防凍劑、工業設備用油、齒輪油、潤滑脂和養護用品等八大類200多個品種，是同行業企業中品種最齊全的製造商之一，其中不乏有相當影響力的潤滑油及養護用品著名品牌。隨著公司規模擴大和潤滑油行業快速發展，在市場和內部管理方面出現了很多問題諸如市場增加緩慢，在行業整體快速增加的同時，銷售額停滯不前；企業管理體系不健全，難以適應目前外部環境的變化；員工執行力差等。同時國內原油市場與國際市場開始逐步接軌，迫使潤滑油企業盡快作出策略調整，並且做到策略的有效實施。

可以肯定，××公司在具備一定規模的基礎上已經取得了不錯的業績。但是，隨著企業發展的內、外部環境的變化，策略調整已是必然，而調整後的策略實施則更為關鍵。基於此，在與客戶進行充分溝通的基礎上，平衡計分卡的策略管理模式得到一致的認可。

具體來說，遵循平衡計分卡的實施關鍵，專案組制定了詳細的計畫，以下是關於此專案的幾個關鍵點，以此說明平衡計分卡是如何將策略與行動有效地結合在一起的。

結合公司的策略構想以及在員工調研的基礎上，從四個重點層面分解策略，做到部門與員工皆知。

財務角度

1、新產品開發是公司快速應對市場變化的策略要素之一，公司將新產品的開發速度、數量以及品質，也就是市場最終的接受度作為連帶指標，目的是為了與市場效果掛鉤，真實反映預期的營業額和增加目標。

2、將考評指標和個人利益相掛鉤，不僅強調員工的成本控制意識和提高效率意識的重要性，而且把員工的精力集中放在了重點創收的專案上，比如處於成熟期的產品的潛力挖掘以及新興產品的市場掌握上。

3、公司設定了一個合適的利潤及分配目標以便更好地用於再發展，避免利潤指標不切實際，忽視對市場資訊的掌握。

客戶角度

1、從客戶角度來看，客戶分配比例（新老客戶）和滿意度是兩個重要的策略要素。公司設定具體的考評指標，然後就指標實現的支持要素如產品、服務、品牌建設等方面制定切實的行動方案。

2、在特定的市場環境下產品的占有率是公司策略的關鍵要素，特別是新產品的市場占有率。

內部流程角度

1、公司按專案運作的方式確定新產品的開發模式，將新產品的開發計畫以及上市週期均作了具體的指標限制。

2、圍繞制定的指標，公司強化了部門間的運轉流程，確定「無障礙」式的流程連接，支持策略各分配指標的實現。

學習與成長角度

1、著重從實現公司持續發展的角度設定員工學習和成長的指標，指明為了實現公司策略以及員工的不斷成長要求每一個員工所應該具備的素養和能力。

2、設定管理層在發展關鍵員工、強化員工能力以及改進「以人為本」的人性化管理系統方面的工作指標。

以上的平衡計分指標遵循公司的發展策略。但是，如果用平衡計分卡實施的策略僅停留在層面的話，公司的策略實施是不會成功的。因此，實施平衡計分卡還要做到：

首先，公司有關策略考評指標的平衡計分卡制定後，透過對目標的逐層分解落實到每個部門和每個部門內的員工。公司設定平衡計分卡要

求部門與員工都要結合公司與自身的實際情況設定相關的平衡計分卡，以便讓員工透過書面的方式確立公司目前的策略，將自己的工作和公司的策略相結合。

其次，根據平衡計分卡設定公司的績效管理以及員工激勵系統，將平衡計分卡的價值展現在實處。這樣，員工在工作的過程中會更多地關注部門與自身的績效，同時確立公司與個人的目標關係，積極地實現公司與個人的目標。

最後，平衡計分卡作為一個策略管理的工具是一個管理系統，可以使組織清晰地規劃遠景和策略，並落實到具體的行動。它既可以改善傳統的業務流程，又可以持續改進策略實施的能力，最終促進公司整體策略的實現。

透過持續半年的平衡計分卡專案運作，公司在制定正確策略的同時，更從內在系統上完善了管理控制的能力，也從業績上驗證了策略實施的效果。從員工的角度看，員工工作不僅清晰明確，而且憑藉一定的管理工具提高了工作的效率，快速地實現了自己與公司設定的行動目標。

管理要減法，績效才加分！聰明人都在用的極簡管理法：

孫子兵法 × 槓鈴模式 × 輪迴法則⋯⋯破解用人盲點，打造頂尖團隊，超級管理術，讓人才為你發光

作　　　者：	史紅，黃家銘
發 行 人：	黃振庭
出 版 者：	山頂視角文化事業有限公司
發 行 者：	山頂視角文化事業有限公司
E-mail：	sonbookservice@gmail.com
粉 絲 頁：	https://www.facebook.com/sonbookss/
網　　　址：	https://sonbook.net/
地　　　址：	台北市中正區重慶南路一段61號8樓 8F., No.61, Sec. 1, Chongqing S. Rd., Zhongzheng Dist., Taipei City 100, Taiwan
電　　　話：	(02)2370-3310
傳　　　真：	(02)2388-1990
印　　　刷：	京峯數位服務有限公司
律師顧問：	廣華律師事務所 張珮琦律師

國家圖書館出版品預行編目資料

管理要減法，績效才加分！聰明人都在用的極簡管理法：孫子兵法 × 槓鈴模式 × 輪迴法則⋯⋯破解用人盲點，打造頂尖團隊，超級管理術，讓人才為你發光 / 史紅，黃家銘 著 . -- 第一版 . -- 臺北市：山頂視角文化事業有限公司, 2025.03
面；　公分
POD 版
ISBN 978-626-99568-2-1(平裝)
1.CST: 組織管理 2.CST: 管理者
494.2　　　　　114002889

-版權聲明-
本作品中文繁體字版由五月星光傳媒文化有限公司授權山頂視角文化事業有限公司出版發行。
未經書面許可，不可複製、發行。

定　　價：450 元
發行日期：2025 年 03 月第一版
◎本書以 POD 印製

電子書購買

爽讀 APP　　　　臉書